● 本书编织图中未注明单位的数字均以厘米（cm）为单位。
● 本书作品用线全部为日本芭贝线。

U0226642

大大的四边形花片连接在一起，
钩织成了这款民族风情的小盖
袖开衫。后身片是长针组成的
方眼编织，编织方法简单；下
摆和袖口的雅致的花边，增添
了几分甜美的感觉。

使用线：Saint Gilles
编织方法：**34**页

一圈一圈地从领口向下编织的
圆育克毛衫，不需要缝合，下
摆和衣袖也不需要额外处理。
使用明媚的柠檬色线编织，让
人心情大好。

使用线：Arabis
编织方法：38页

5针+5针的大麻花花样和温婉的
蕾丝花样组合，编织花样对比鲜明，
是一件款式大方的阿兰开衫。可以
从初春一直穿到初秋，出场的时间
较长。

使用线：KAKINOSUKE
编织方法：**40**页

这款雅致的印花风情围巾比较
轻薄，很适合夏季佩戴，颜色
深浅相宜，把领围点缀得更多
姿多彩。因为会直接接触到皮
肤，很适合使用手感清爽的棉
质带子线编织。

使用线：ZAMBIA Print
编织方法：**43**页

a

b

民族风情的镂空玫瑰花样给人
的感觉非常雅致。前身片中央
是方眼编织的织片，在两边用
棒针挑针横向编织。后身片从
中心向左右两边横向做下针编
织。

使用线：Cotton Kona Fine、Cotton Kona
编织方法：44页

这件等针直编的无袖毛衫使用了流行色中的红色、粉色系的毛线，给人的感觉很华美。用英式罗纹针简单地编织，就完成了这件自然修身、穿着舒服的毛衫。

使用线：ZAMBIA Print
编织方法：47页

这件 V 领背心搭配简单的内搭穿着，增加了立体感，看起来很漂亮。从下摆到袖窿做环形编织，无须缝合。

使用线：ZAMBIA Print
编织方法：48页

这款立方体手提包的包底、前后片、两片侧面都是大小相同的正方形织片。
轻便、容量大，很适合购物或者休闲时使用。用2根线编织，很结实。

使用线：Nuvola
编织方法：**49**页

a

b

主体上的彩色波浪形花样，
是通过钩织中长针、长针、
长长针、3卷长针来调整针
目高度形成的。

11

这件柔和的紫色调蕾丝花样毛衫，内敛的光泽和纤细的蕾丝花样相得益彰。为了给镂空花样增加稳定性，袖窿等针直编，落肩袖的设计更加强了这种感觉。

使用线：Foch
编织方法：**52**页

这是一件宽松的配色花样毛衫，穿上感觉比较清爽。身片的基础花样是使用"3针并1针和1针放3针"（也叫作"三位一体"）这种针法编织而成的。

使用线：Pima Denim
编织方法：**54**页

European

## 11

hand-knitting

这是一件基础款的七分袖开衫。使用优质的线材编织，让简单的开衫看起来颇具质感。身片上拉针编织的泡泡针带着几分可爱的感觉，衣袖则做简单的下针编织。

使用线：Cotton Kona
编织方法：**56**页

前身片 4 片、后身片 4 片，雅致的花片连接在一起，组成这款宽松的夏季背心。领口和袖口都很大，很适合套在衬衫外面穿着。

使用线：AMNESIA
编织方法：59页

身片两边设计了蕾丝花样，领子
是船领。前后身片编织成相同形
状的四边形，整体给人柔和的感
觉。柠檬色很衬肤色，让穿着的
人看起来多了几分柔美之感。

使用线：KAKINOSUKE
编织方法：**58**页

和纸和印花棉线并在一起编织
简单的夏季帽子，遮挡阳光。
带着有微妙感的色调，让人有
些小兴奋。

使用线：ZAMBIA Print、Leafy
编织方法：**62**页

这款束口袋加上长长的皮绳，也可以作小挎包用。很容易就可以编好，
用来装各种小物件很方便，送给亲友也很适合。

使用线：KAKINOSUKE
编织方法：64页

黄白相间的条纹花样很吸引眼球，给人明媚活泼的感觉。提手很结实，设计成扭转着的形状提升了它的承重力。这款手提包很适合夏季使用，轻便、结实，即使打湿了也可以很快晾干。

使用线：Nuvola
编织方法：**66**页

这是一款法式袖的宽松套头衫，镂空的锯齿状蕾丝花样给人清凉的感觉。深 V 领可以搭配多种款式的内搭，穿法多变。

使用线：Iyowashi
编织方法：**68**页

前后身片连在一起编织贝壳花样。左右身片在前后中心分开编织，在胁部缝合即可，款式非常简单。身片的宽度和长度都很容易调整，可以根据需要改变尺寸。

使用线：Astro

编织方法：**65**页

a

这款手提包的设计很有趣，款式独特，流苏也是亮点之一。圆滚滚的花样，是长针的泡泡针和拉针组成的，按照方眼编织的要领编织。

使用线：Nuvola
编织方法：74页

b

清爽的树叶花样组成的夏季帽子，很有度假的气氛。树叶花样和帽檐使用带民族风情的段染线编织，配色线使用自然的米色线。

使用线：Leafy
编织方法：**78**页

由镂空花样、麻花针等柔和的基
础花样组合编织的背心。花样一
直在变化，编织起来不会厌烦。
侧缝的开衩较大，很适合套穿在
外面。

使用线：Cotton Kona
编织方法：**71**页

花边元素把开衫装饰得更有女人味。从肩部延伸到下摆，不遮挡手臂。虽然是很简单的款式，但穿上会很时尚。

使用线：Arabis
编织方法：**77**页

a

这是一条棉质围巾，柔和的手感让人心情大悦。仔细看，会惊喜地发现花朵并不是位于花片中心。一起享受这款成人围巾的编织乐趣吧。

使用线：KAKINOSUKE
编织方法：80页

b

这是一款圆底的筒形束口袋，圆鼓鼓的形状很可爱。包身编织反拉针，很有视觉效果，鱼鳞花样雅致而可爱。再加上收纳能力很强，让你很想把它当作一件配饰带着出门。

使用线：Leafy
编织方法：**82**页

这是一款充满南国风情的手拿包，一片大方形花片对折，用作包盖和包身。包盖连着的包身下面接着花片钩织长针和短针。用2根线编织。

使用线：Leafy
编织方法：**84**页

## 26

hand-knitting

这款迷你斜挎包的尺寸恰到好处，带着立体感的条纹花样是由长针和短针的反拉针组成的。将不同材质的线并在一起编织，给人一种新颖的感觉。

使用线：Nuvola、Leafy
编织方法：**86**页

这款有木制圆环形提手的包包带着怀旧的感觉，横向编织短针的拉针，形成轻快的竖条纹花样，很适合拎着出门。

使用线：Nuvola
编织方法：**83**页

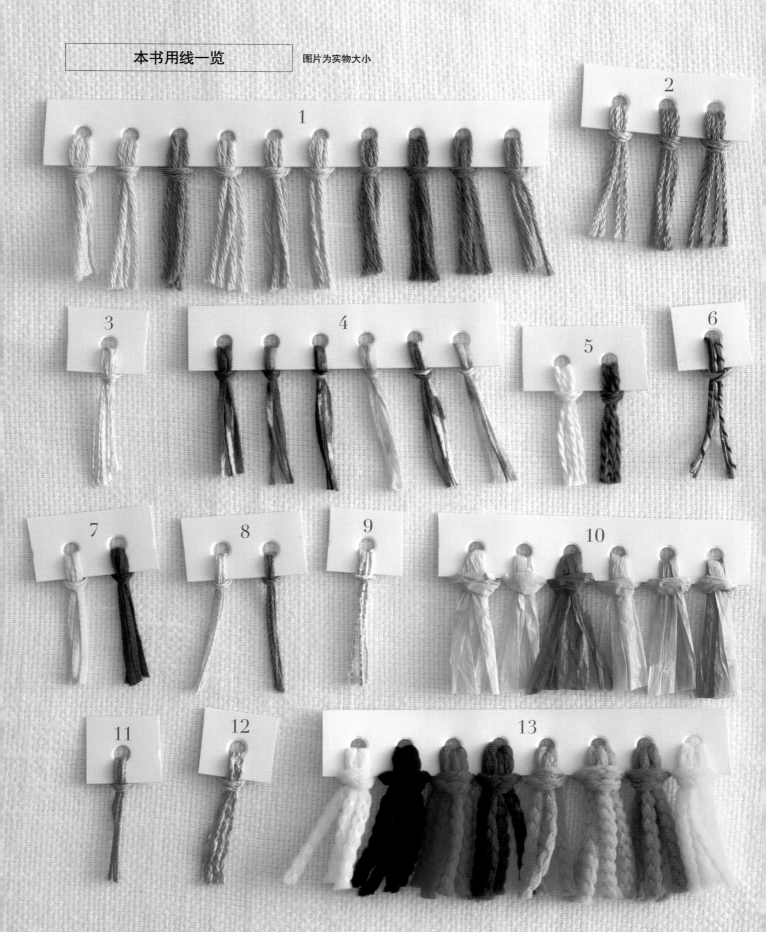

| 线名 | 成分 | 粗细 | 色数 | 规格 | 线长 | 用针号数 | 标准下针编织密度 | 特征 |
|---|---|---|---|---|---|---|---|---|
| 1 KAKINOSUKE | 棉80%<br>真丝20% | 粗 | 12 | 40g/团 | 135m | 4~6号 | 23~24针<br>30~31行 | 施以抗菌、消臭性能优良的柿漆工艺，使用棉线和富有光泽的丝线，松松地捻合，带着怀旧、沉稳的色调。棒针、钩针都很适合。 |
| 2 Cotton Kona | 棉100% | 粗 | 25 | 40g/团 | 110m | 4~6号 | 25~26针<br>32~33行 | 为了让印度棉容易编织，在纺捻上下了一番功夫，并且施以丝光工艺，让线材更有弹性和光泽。无论是毛衣还是小物，这种粗细的线材都很容易编织。 |
| 3 Iyowashi | 人造丝78%<br>和纸22% | 中细 | 10 | 25g/团 | 100m | 3~5号 | 24~25针<br>32~33行 | 这款日本线材中加入了爱媛县生产的伊予和纸。人造丝的光泽和和纸清爽的感觉，给这款线材带来了深深的别样韵味。棒针、钩针都可以织出美丽的花样。 |
| 4 ZAMBIA Print | 棉100%<br>（100%有机棉） | 中细 | 6 | 50g/团 | 230m | 4~5号 | 26~27针<br>35~36行 | 产自位于非洲南部的赞比亚共和国。很容易让人想起阳光下色彩鲜艳的赞比印花布的颜色。棒针、钩针皆宜，可以在编织中畅享夏日的色彩乐趣。 |
| 5 Pima Denim | 棉100% | 粗 | 6 | 40g/团 | 135m | 3~5号 | 22~23针<br>30~31行 | 给100%纯棉线施以特殊的染色工艺，使其呈现出牛仔布的色调。无论是毛衣还是小物，这款线材都很合适，是一款适用范围较大的粗毛线。 |
| 6 AMNESIA | 亚麻81%<br>锦纶19% | 粗 | 7 | 40g/团 | 95m | 5~7号 | 18~19针<br>28~29行 | 这款花式纱线有五彩缤纷的颜色，且富有光泽，非常引人注目。无论是编织简单的织片，还是编织雅致的蕾丝花样，都很漂亮。棒针、钩针皆宜，可以在编织中享受色彩的乐趣。 |
| 7 Arabis | 棉100% | 中细 | 20 | 40g/团 | 165m | 4~6号 | 26~27针<br>32~33行 | 这是一款细细的纯棉空心带子纱（Lily Yarn），是平面的带子状超扁平毛线。色彩美丽，有光泽，手感清爽，是一款中细线。 |
| 8 Saint Gilles | 棉61%<br>亚麻39% | 细 | 12 | 25g/团 | 130m | 手编机 | 31~32针<br>40~41行 | 棉和亚麻混合捻线，施以丝光工艺，色泽优美。纤细的钩针编织的织片，非常轻薄，给人一种清爽的感觉。 |
| 9 Astro | 棉59%<br>锦纶20%<br>腈纶19%<br>聚酯纤维2% | 中细 | 6 | 25g/团 | 96m | 3~5号 | 25~26针<br>30~31行 | 金银丝线散发着微妙的光泽，仿佛是在夜空中闪耀的星星。棒针、钩针皆宜，编织体验很好，而且织出来的作品很漂亮。 |
| 10 Leafy | 和纸100% | 粗 | 16 | 40g/团 | 170m | 11~13号 | 14~15针<br>19~20行 | 这是一款粗和纸线。有一定韧性，颜色种类丰富，这种具有民族风情的段染线，最适合编织包包、帽子等小物。 |
| 11 Cotton Kona Fine | 棉100% | 细 | 25 | 25g/团 | 105m | 手编机 | 30~31针<br>42~43行 | 这款线的原材料和Cotton Kona相同，强力搓捻成细线。既可用钩针编织，也可以用手编机，是一款在编织粉中很有人气的夏日线材。 |
| 12 Foch | 棉40%<br>人造丝40%<br>亚麻20% | 粗 | 9 | 40g/团 | 120m | 4~6号 | 23~24针<br>31~32行 | 柔软的棉线，有光泽的人造丝线，有弹性的麻线，这款线融合了各种材质的优点。很好编织，长时间编织也不会觉得累。 |
| 13 Nuvola | 聚酯纤维100% | 中粗 | 12 | 50g/团 | 111m | 11~13号 | 16~17针<br>22~23行 | 有弹性，很轻柔，让人想起夏日天空中飘浮的云朵。打湿后很容易晾干，颜色种类丰富，尤其适合编织包包等夏日小物。 |

●线的粗细仅作为参考，标准下针编织密度是制造商的数据。
●此表所列均为常用数据，具体见作品。

# 1 | 2页

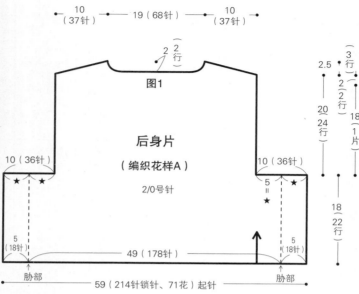

图1

10（37针）　19（68针）　10（37针）

2（2行）

后身片
（编织花样A）
2/0号针

10（36针）　　　10（36针）

★　★

5=
★

49（178针）

5（18针）　　　5（18针）

胁部　　　　　　　　　　　胁部

59（214针锁针、71花）起针

※花=个花样
※除指定以外均用绿色线编织

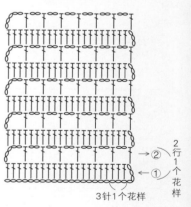

育克（编织花样A）
前门襟（编织花样B）

10（37针）　4（13针）　4

3行
2.5
2（2行）
20（24行）
18（1片）
18（22行）
18

4.5（5行）
（1花）
"（3花）
（49针）挑针
图2
花片2（22花）挑针
右前身片
2/0号针
4
"（1花）扣眼
18
18
花片1
"
3（3行）
18

※左前身片和右前身片对称编织

●材料　Saint Gilles（细）绿色（116）190g/8团、米色（102）20g/1团，直径1.15cm的纽扣6颗

●工具　钩针3/0号、2/0号

●成品尺寸　胸围98cm，衣长49.5cm，连肩袖长26.5cm

●编织密度　花片1片18cm×18cm；10cm×10cm面积内：编织花样A 36针，12行

●编织要点　后身片　锁针起针，挑起锁针的半针和里山，做编织花样A。胁长22行，不加减针。两胁各留36针继续编织，参照图1编织领窝、斜肩。前身片　连接花片。花片用线头环形起针，立织3针锁针，参照图示进行配色编织到第11行。花片1最终行和身片的胁长连接。花片2和花片1连接。育克从花片挑针，做编织花样A。组合　肩部将前后身片正面相对对齐，钩织"1针引拔针、3针锁针"接合。前门襟、下摆和袖口做编织花样B。衣领编织长针。袖口第1~5行对齐身片的★标记，钩织"1针引拔针、3针锁针"接合。袖下也继续接合。在左前门襟上缝上纽扣。

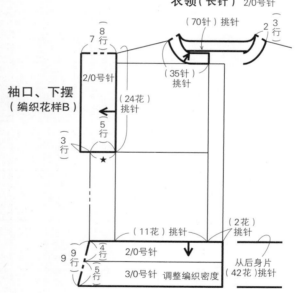

衣领（长针）　2/0号针

（70针）挑针
8行
7行
2/0号针
（35针）挑针
2（3行）
袖口、下摆（编织花样B）
（24花）挑针
5行
3行
★
9行
4行
5行
（11花）挑针
（2花）挑针
2/0号针
3/0号针　调整编织密度
从后身片（42花）挑针

编织花样A

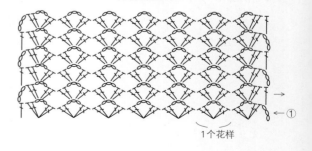

2行1个花样
→②
←①

3针1个花样

编织花样B

→
←①

1个花样

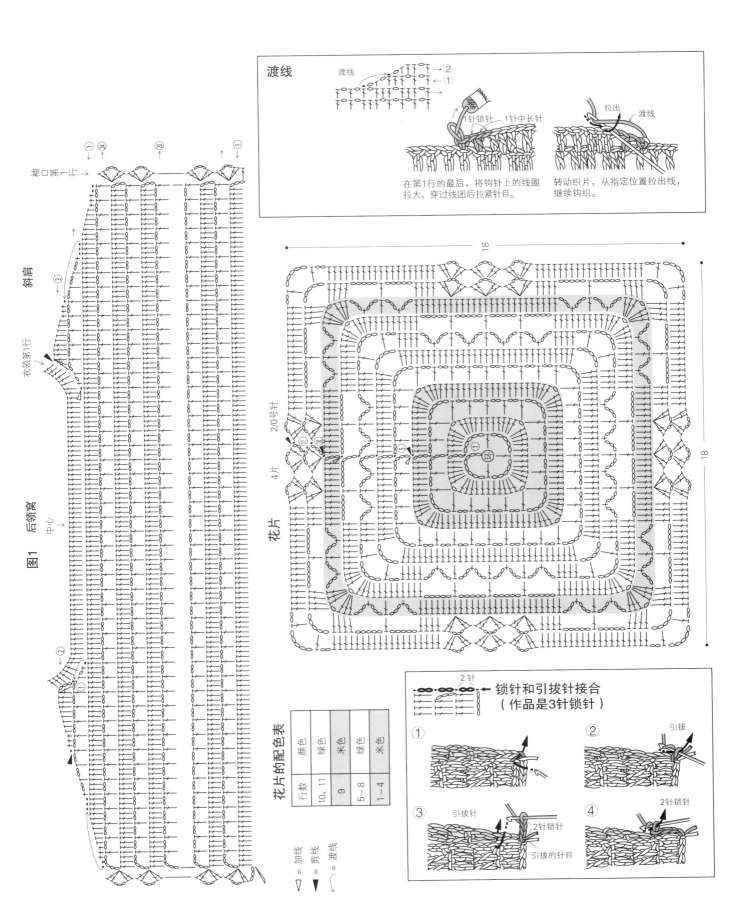

渡线

1针锁针　1针中长针

拉出　渡线

在第1行的最后，将钩针上的线圈拉大，穿过线团后拉紧针目。

转动织片，从指定位置拉出线，继续钩织。

图1

后领窝

斜肩

衣领第1行→

裙口第1行→

中心

= 加线

= 剪线

= 渡线

花片　4片

2/0号针

18

18

花片的配色表

| 行数 | 颜色 | |
|---|---|---|
| 10、11 | 绿色 | |
| 9 | 米色 | |
| 5~8 | 绿色 | |
| 1~4 | 米色 | |

2针

锁针和引拔针接合
（作品是3针锁针）

① 

② 引拔

③ 引拔针　2针锁针　引拔的针目

④ 2针锁针

图2
右前身片的编织方法图

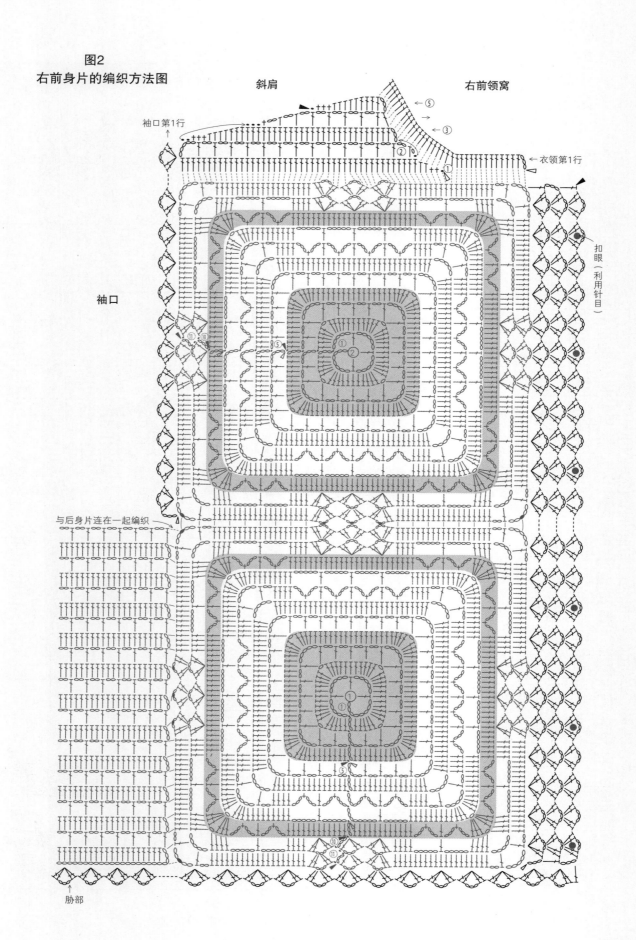

斜肩

右前领窝

袖口第1行

← ⑤
→
← ③

② ↙

① ↙

衣领第1行

扣眼（利用针目）

袖口

⑪ ⑩

⑤

①
②

与后身片连在一起编织

①
①

⑩
⑪

胁部

36

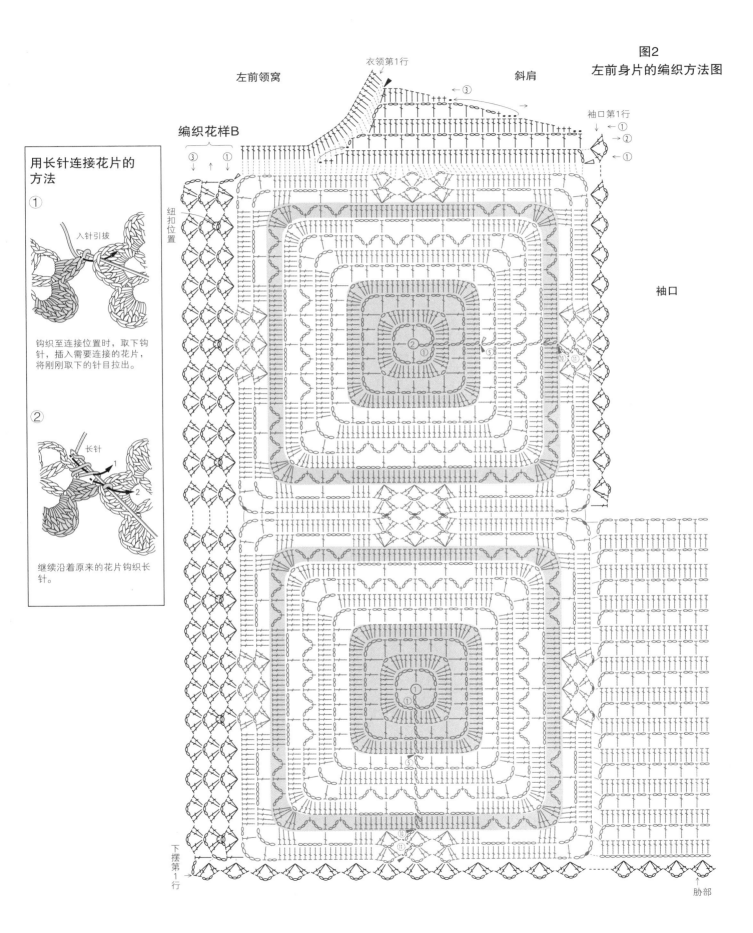

图2
左前身片的编织方法图

左前领窝　　　　衣领第1行　　　　　斜肩

编织花样B

用长针连接花片的方法

① 入针引拔

钩织至连接位置时，取下钩针，插入需要连接的花片，将刚刚取下的针目拉出。

② 长针

继续沿着原来的花片钩织长针。

纽扣位置

袖口第1行

袖口

下摆第1行

肋部

●材料 Arabis（中细）柠檬色（4616）
180g/5团
●工具 棒针5号
●成品尺寸 胸围92cm，衣长49cm，连肩袖长
37.5cm
●编织密度 10cm×10cm面积内：下针编织24
针，30行；编织花样24针，34行
●编织要点 前后育克 另线锁针起针，做编织

花样。参照图示，编织扭针加针和挂针加针。**前
后身片** 腋下另线锁针起针，环形做编织花样
和下针编织。下摆编织起伏针，编织终点做伏
针收针。**衣袖** 从育克和解开的腋下另线锁针挑
针，环形做下针编织。编织终点做伏针收针。**衣
领** 解开另线锁针起针挑针，编织起伏针。编织
终点做伏针收针。

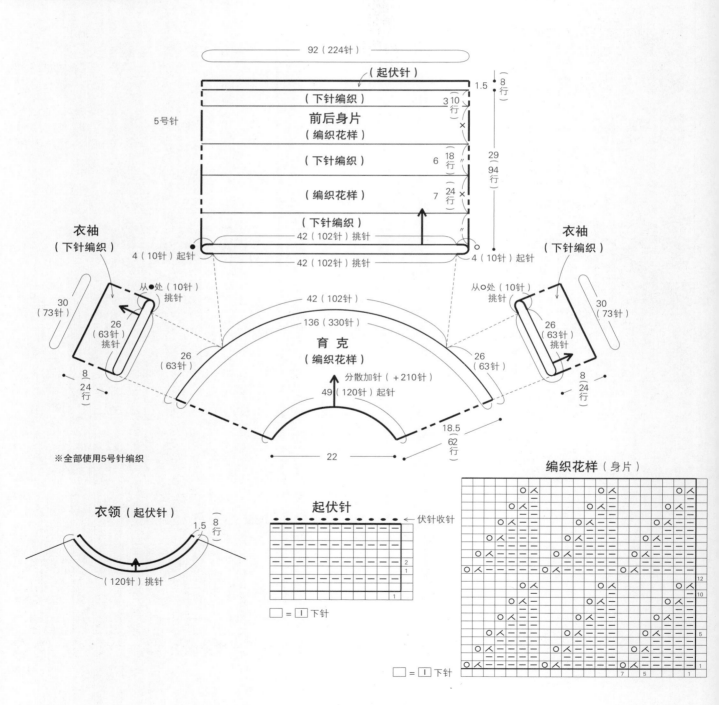

※全部使用5号针编织

□ = □ 下针

编织花样（身片）

□ = □ 下针

## 育克的编织花样和加针

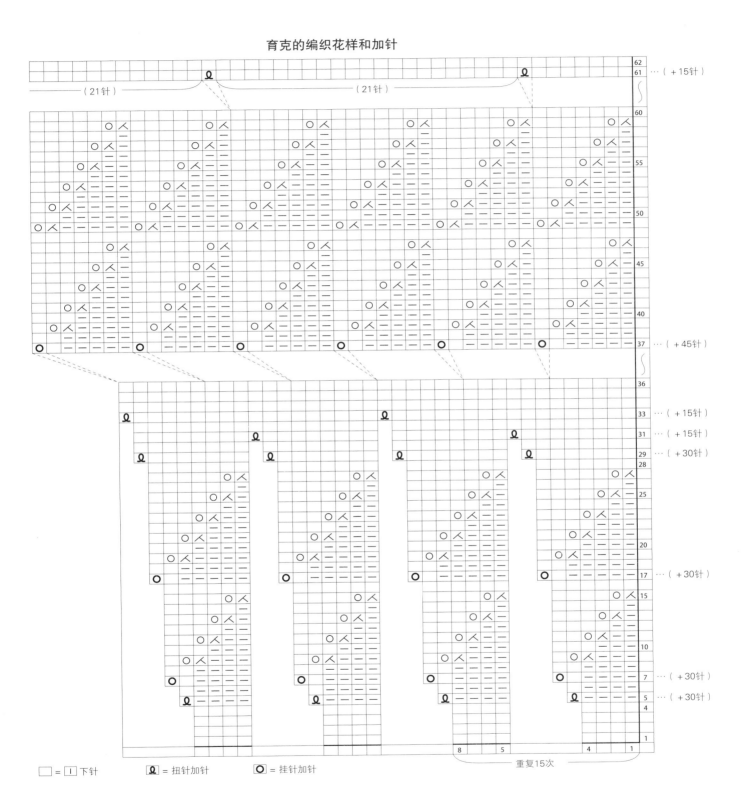

□ = □ 下针　　　 Ω = 扭针加针　　　 ○ = 挂针加针

●**材料** KAKINOSUKE（粗） 绿色（210）
330g/9团，直径2.3cm的纽扣5颗
●**工具** 棒针5号
●**成品尺寸** 胸围97cm，衣长57cm，连肩袖长
68.5cm
●**编织密度** 10cm×10cm面积内：编织花样25
针，31行
●**编织要点 后身片** 手指挂线起针，从下摆的
单罗纹针开始编织。两胁做下针编织，中间做编
织花样，等针直编。在连接衣袖位置做记号。肩

部做引返编织，休针。**前身片** 起针方法和后身
片相同，领窝参照图示减针，左右对称编织。**衣
袖** 起针方法和身片相同，袖下在1针内侧编织扭
针加针，袖山做伏针减针，终点做伏针收针。**组
合** 肩部将前后身片正面相对对齐，钩织引拔针
接合。胁部、袖下用毛线缝针做挑针缝合。前门
襟、衣领从身片和领窝挑针，编织单罗纹针，最
后做下针织下针、上针织上针的伏针收针。衣袖钩
织引拔针接合于身片。在左前门襟上缝上纽扣。

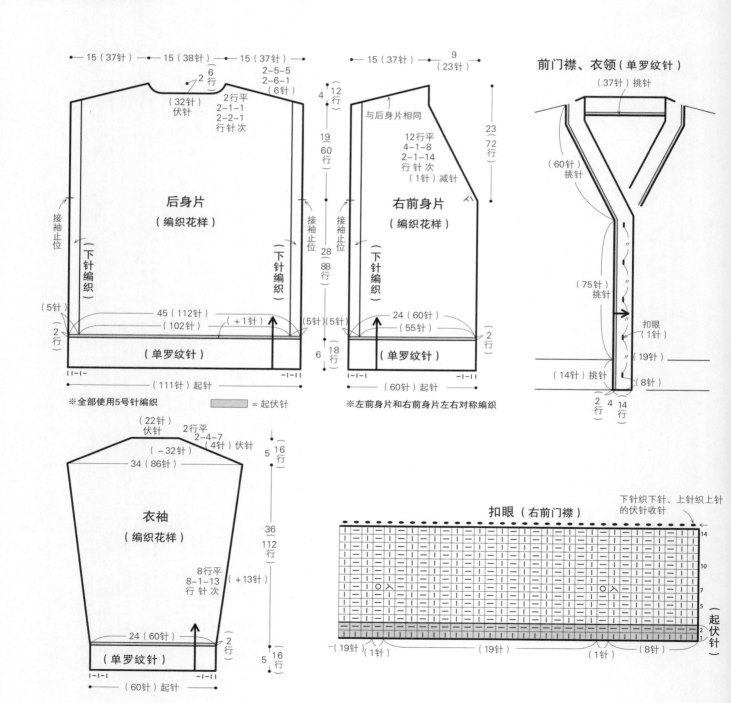

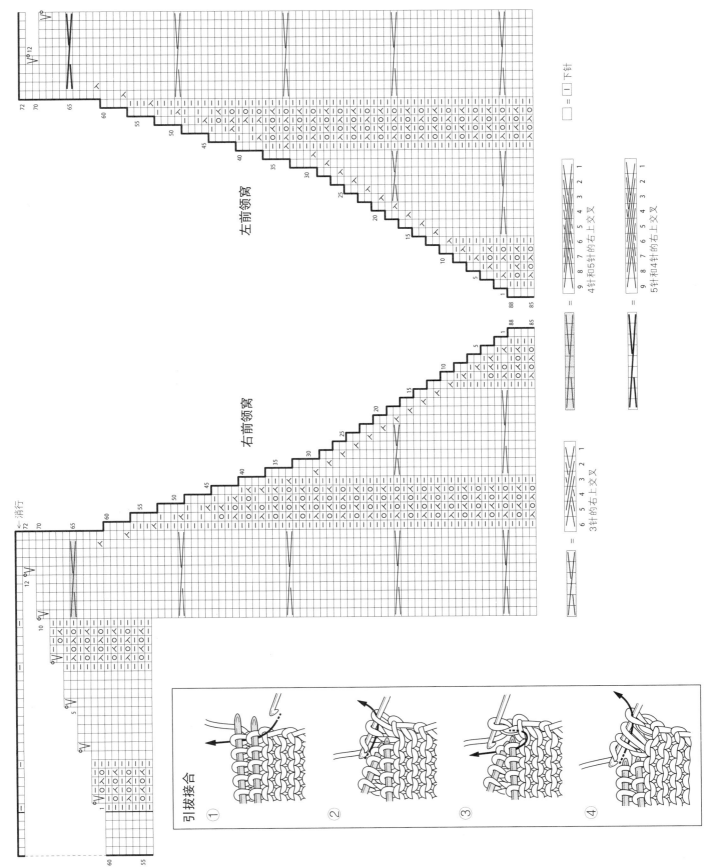

左前领窝

右前领窝

引拔接合

①

②

③

④

□ = □ 下针

= 4针和5针的右上交叉

= 5针和4针的右上交叉

= 3针的右上交叉

←消行

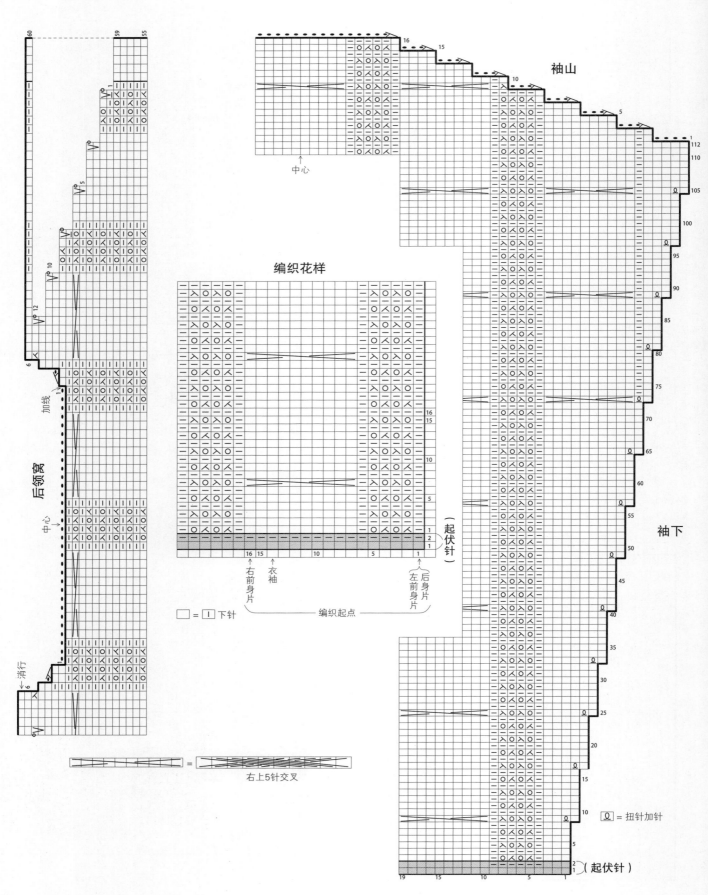

袖山

中心

编织花样

后领窝

加线

中心

←消行

右上5针交叉

□ = Ⅰ 下针

右前身片
衣袖
左前身片
后身片

（起伏针）

编织起点

袖下

Ω = 扭针加针

（起伏针）

# 4 | 6页

● **材料** a/ZAMBIA Print（中细）粉色系印花（435）100g/2团，b/ZAMBIA Print（中细）蓝色系印花（429）100g/2团

● **工具** 棒针5号

● **成品尺寸** 宽30cm，长140cm

● **编织密度** 10cm×10cm面积内：编织花样21针，27.5行

● **编织要点** 手指挂线起针，做编织花样，等针直编。编织终点做伏针收针。

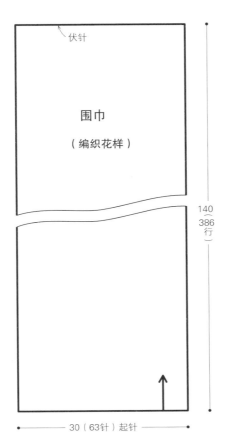

伏针

围巾
（编织花样）

140
386
行

30（63针）起针

## 编织花样、围巾的编织方法图

←伏针收针

386
383
380
375
～
28
25
20
15
10
8
5
3
1

8行1个花样

63  60   55 54   ～  23  20    15     10     5     1

□ = — 上针

4针1个花样

## 手指挂线起针

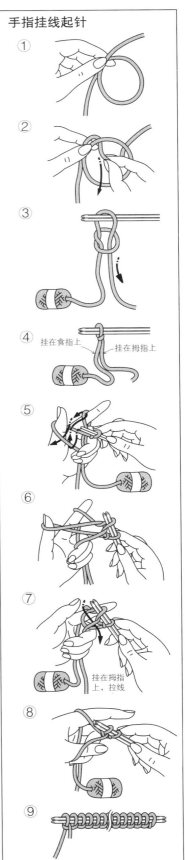

① ② ③ ④ 挂在食指上 挂在拇指上 ⑤ ⑥ ⑦ 挂在拇指上，拉线 ⑧ ⑨

●**材料** Cotton Kona（粗）浅褐色（66）150g/4团，Cotton Kona Fine（细）浅褐色（340）95g/4团

●**工具** 棒针6号，钩针2/0号

●**成品尺寸** 胸围100cm，衣长50.5cm，连肩袖长28cm

●**编织密度** 10cm×10cm面积内：下针编织24针，31行；编织花样A 30针，12.5行

●**编织要点** Cotton Kona线用棒针编织，Cotton Kona Fine线用钩针钩织。**后身片** 另线锁针起针，从中心向左右两边编织。编织4行起

伏针，然后做下针编织。参照图示卷针起针13针，斜肩编织减针。胁部针目和衣袖开口部分分别休针。解开另线锁针挑针，按照相同方法编织。**前身片** 中央的编织花样A、B用钩针钩织，按照图示钩织领窝。两胁挑针做下针编织。**组合** 肩部用毛线缝针做挑针缝合。袖口下方用毛线缝针做挑针缝合。衣领用钩针环形做边缘编织。袖口编织单罗纹针，编织终点做下针织下针、上针织上针的伏针收针。胁部正面相对对齐，做盖针接合。下摆环形做边缘编织。

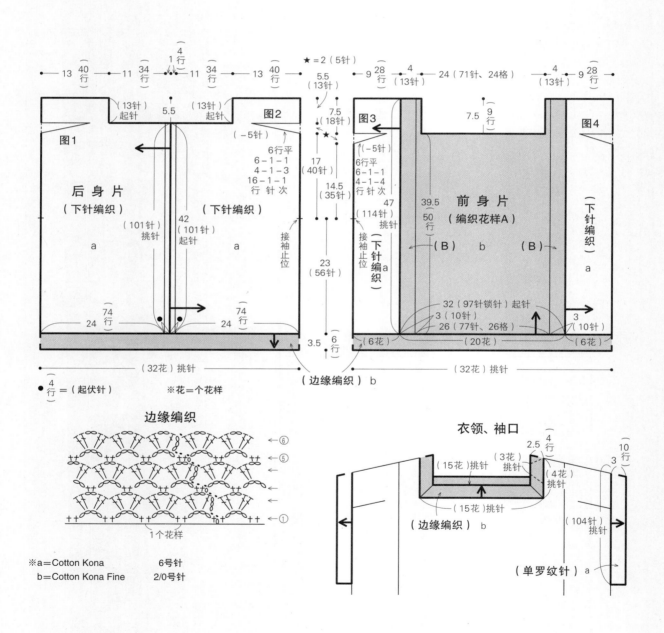

●4行=（起伏针）　　　　※花=个花样

后身片（下针编织）　（下针编织）

前身片（编织花样A）

边缘编织

衣领、袖口

（单罗纹针）a

※a=Cotton Kona　　　6号针
b=Cotton Kona Fine　2/0号针

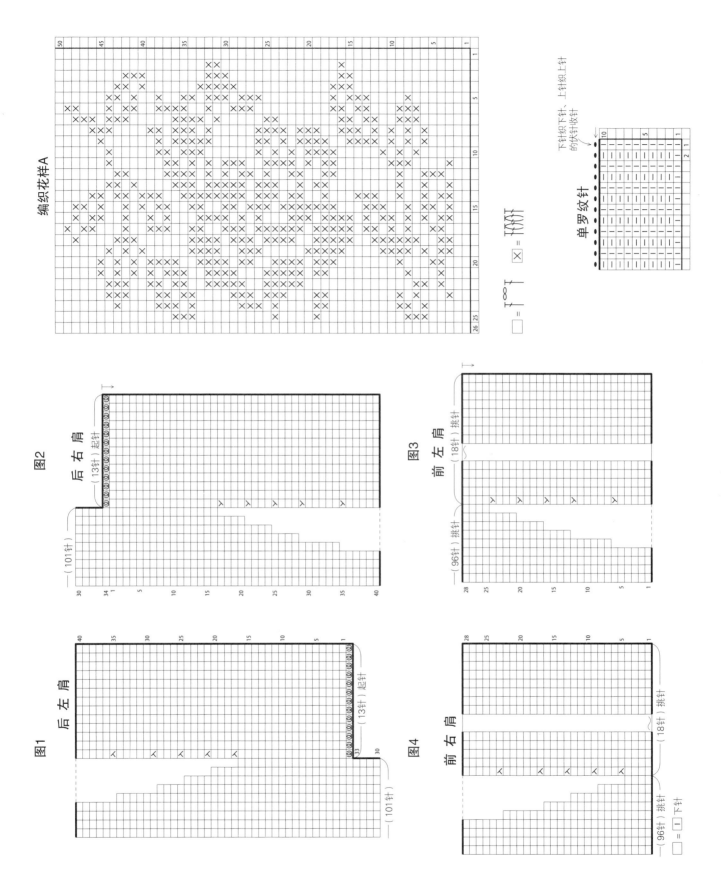

编织花样A

图1 后左肩

图2 后右肩

图3 前左肩

图4 前右肩

单罗纹针

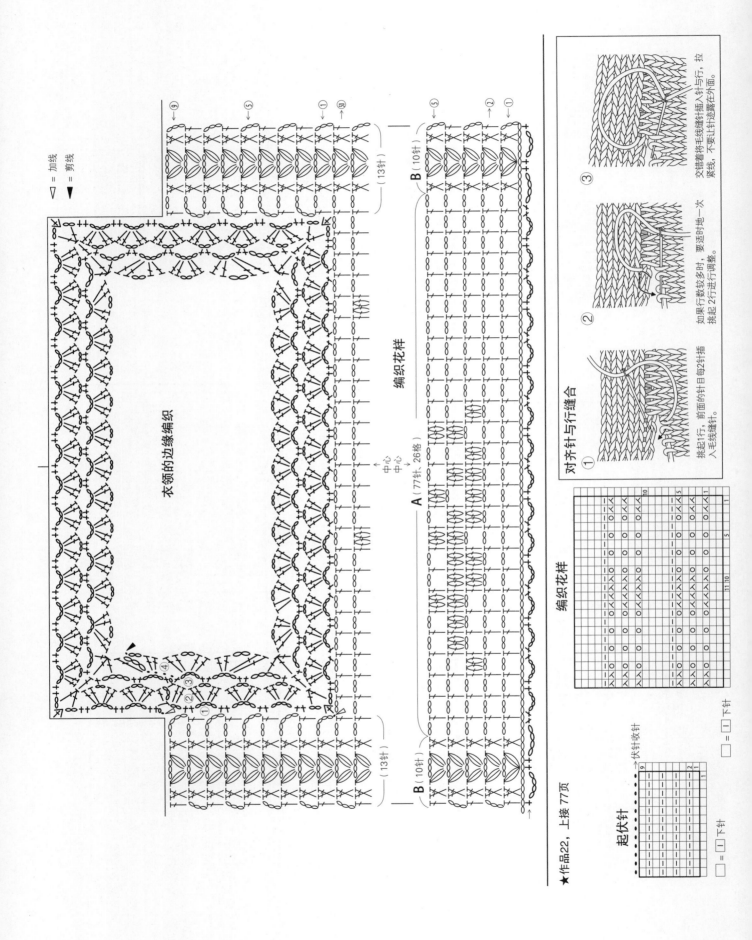

衣领的边缘编织

编织花样

A（77针，26格）

中心
中心

B（10针）

B（10针）

（13针）

（13针）

▷ = 加线
▲ = 剪线

对齐针与行缝合

挑起1行，前面的针目每2针插入毛线缝针。

如果行数较多时，要适时地一次挑起2行进行缝合。

交错着将毛线缝针插入针与行，拉紧线，不要让针迹露在外面。

编织花样

起伏针

→ 伏针收针

□ = □ 下针

□ = □ 下针

★作品22，上接77页

# 6

●**材料** ZAMBIA Print（中细） 红色、粉色系印花（430）180g/4团

●**工具** 棒针5号

●**成品尺寸** 胸围92cm，衣长57cm，连肩袖长23cm

●**编织密度** 10cm×10cm面积内：英式罗纹针22.5针，40行

●**编织要点** **后身片** 手指挂线起针，从单罗纹针开始编织。然后编织英式罗纹针至肩部，等针直编。在袖口开口止位做记号。肩部做引返编织，休针。衣领开口处的针目做伏针收针。**前身片** 起针方法和后身片相同，领窝做伏针减针，中央针目加线编织伏针，另一边也按照相同方法减针。**组合** 肩部将前后身片正面相对对齐，做盖针接合。衣领编织单罗纹针，编织终点做下针织下针、上针织上针的伏针收针。胁部从下摆开始做挑针缝合至袖口记号处。

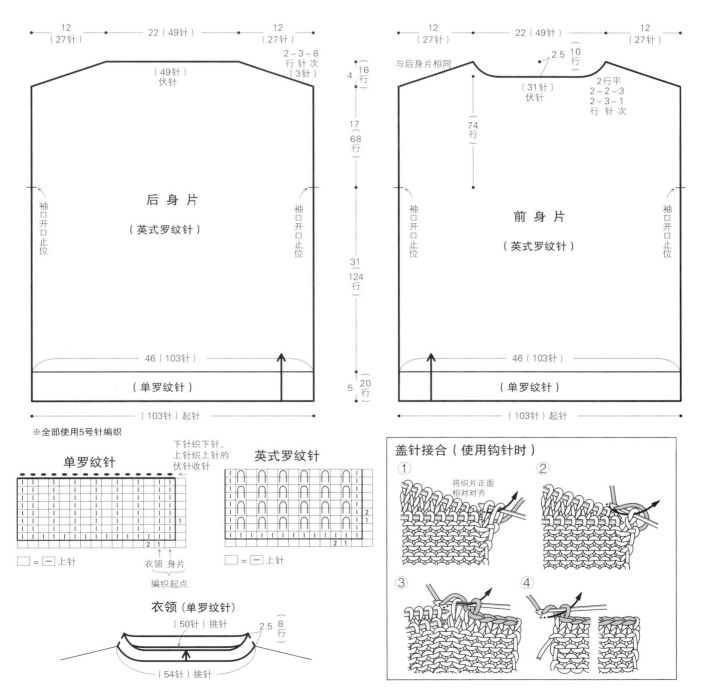

**后身片**

12（27针） 22（49针） 12（27针）

（49针）伏针

2-3-8 行 针 次 （3针）

4（16行）
17（68行）
31（124行）
5（20行）

袖口开口止位 袖口开口止位

**后 身 片**

（英式罗纹针）

46（103针）

（单罗纹针）

（103针）起针

**前身片**

12（27针） 22（49针） 12（27针）

与后身片相同

2.5 10

（31针）伏针

2行平
2-2-3
2-3-1
行 针 次

74行

袖口开口止位 袖口开口止位

**前 身 片**

（英式罗纹针）

46（103针）

（单罗纹针）

（103针）起针

※全部使用5号针编织

**单罗纹针**

下针织下针、上针织上针的伏针收针

□ = — 上针

衣领 身片
编织起点

**英式罗纹针**

□ = — 上针

**盖针接合（使用钩针时）**

① 将织片正面相对对齐
②
③
④

**衣领（单罗纹针）**

（50针）挑针 2.5 8行

（54针）挑针

# 7

- ●**材料** ZAMBIA Print（中细）黑色系印花（431）100g/2团
- ●**工具** 棒针5号
- ●**成品尺寸** 胸围92cm，衣长50cm
- ●**编织密度** 10cm×10cm面积内：下针编织24针，29行
- ●**编织要点** **前后身片** 手指挂线起针，做环形编

织。编织42行双罗纹针。胁部环形做下针编织。袖窿、领窝参照图示编织，端头立起1针减针。后身片编织终点的针目休针。前身片肩绳编织32行双罗纹针，休针。**组合** 前身片肩绳的休针和后身片编织终点的针目做下针的无缝缝合。

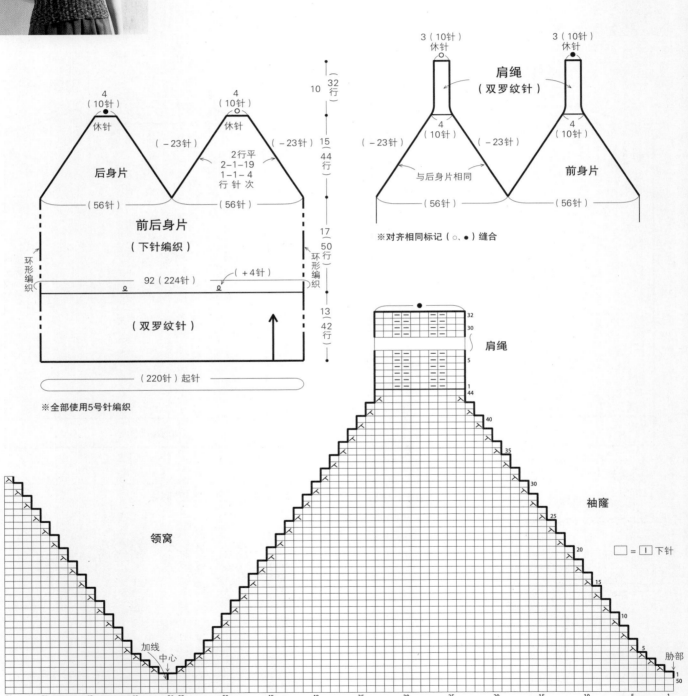

※全部使用5号针编织

※对齐相同标记（○、●）缝合

□ = 1 下针

**8** | 10、11页

●**材料** a/Nuvola（中粗）海军蓝色（405）300g/6团，白色（401）、粉色（411）各40g/各1团；b/Nuvola（中粗）卡其色（407）300g/6团，淡棕色（412）、黄色（413）各40g/各1团

●**工具** 钩针10/0号

●**成品尺寸** 宽30cm，侧面30cm，高34cm

●**编织密度** 编织花样A 10cm10针，1个花样6cm（4行）；条纹花样B 10cm11针，1个花样9.5cm（6行）

●**编织要点** 全部用2根线编织。前后片和包底锁针起针，挑起锁针的半针和里山，做编织花样A。侧面的起针方法和包底相同，编织条纹花样B。**组合** 参照图示，将前后片、包底、侧面反面相对对齐，钩织短针接合。提手位置第2行钩织40针锁针起针，挑起锁针的半针和里山钩织短针。

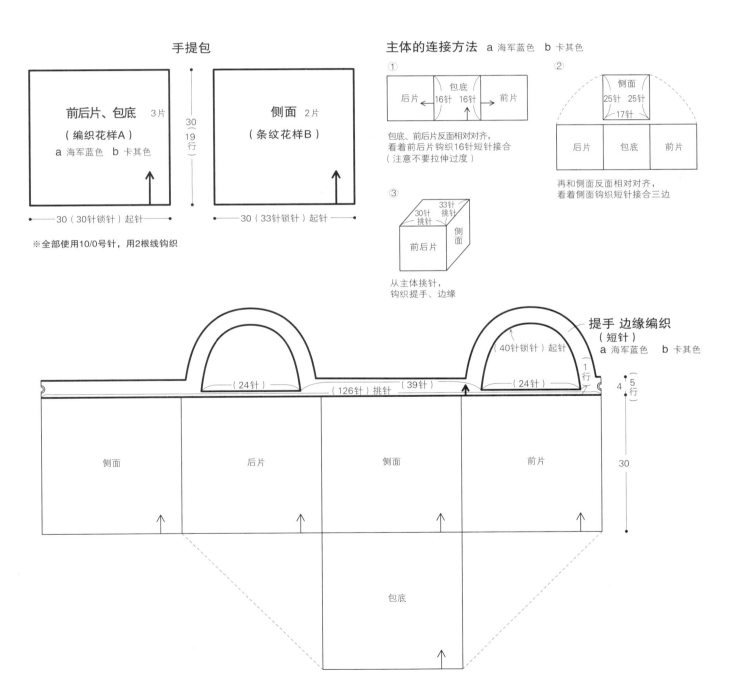

**手提包**

前后片、包底 3片
（编织花样A）
a 海军蓝色 b 卡其色

侧面 2片
（条纹花样B）

30（19行）

30（30针锁针）起针

30（33针锁针）起针

※全部使用10/0号针，用2根线钩织

**主体的连接方法** a 海军蓝色 b 卡其色

① 后片 ←16针 包底 16针→ 前片

包底、前后片反面相对对齐，看着前后片钩织16针短针接合（注意不要拉伸过度）

② 侧面 25针 25针 17针
后片 包底 前片

再和侧面反面相对对齐，看着侧面钩织短针接合三边

③ 30针挑针 33针挑针
前后片 侧面

从主体挑针，钩织提手、边缘

**提手 边缘编织**（短针）
a 海军蓝色 b 卡其色

（40针锁针）起针

（24针）（126针）挑针（39针）（24针）

侧面 后片 侧面 前片

包底

49

条纹花样B 配色表

| 行 | a | b |
|---|---|---|
| — | 海军蓝色 | 卡其色 |
| — | 白色 | 淡棕色 |
| ▨ | 粉色 | 黄色 |

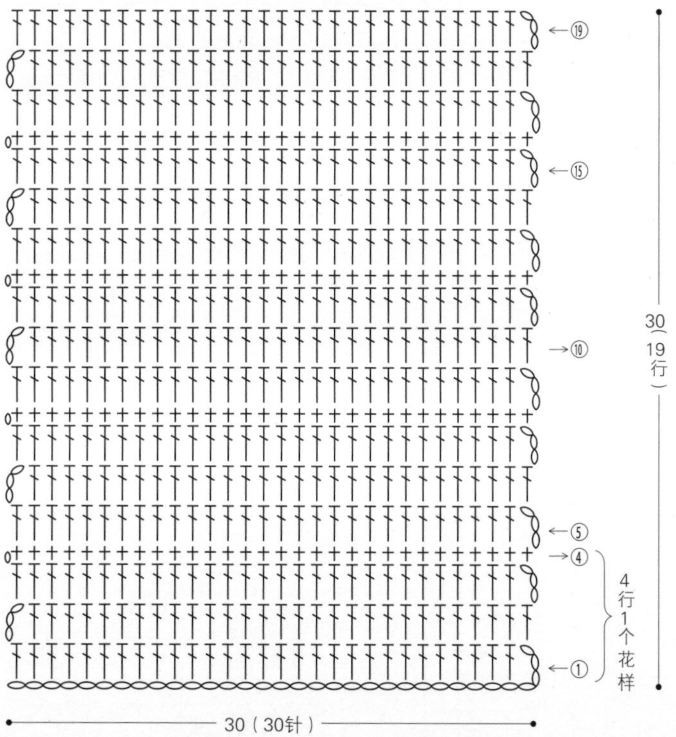

侧面的编织方法图
（条纹花样B）
2 片

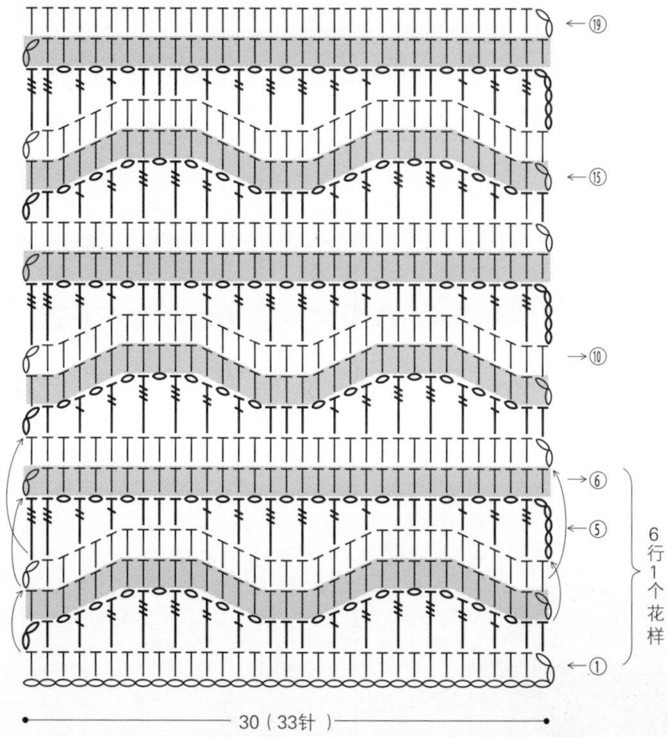

6行1个花样

30（33针）

30（19行）

主体前后片和包底的编织方法图 3 片
（编织花样A）
a 海军蓝色　b 卡其色

4行1个花样

30（30针）

手提包的编织方法图

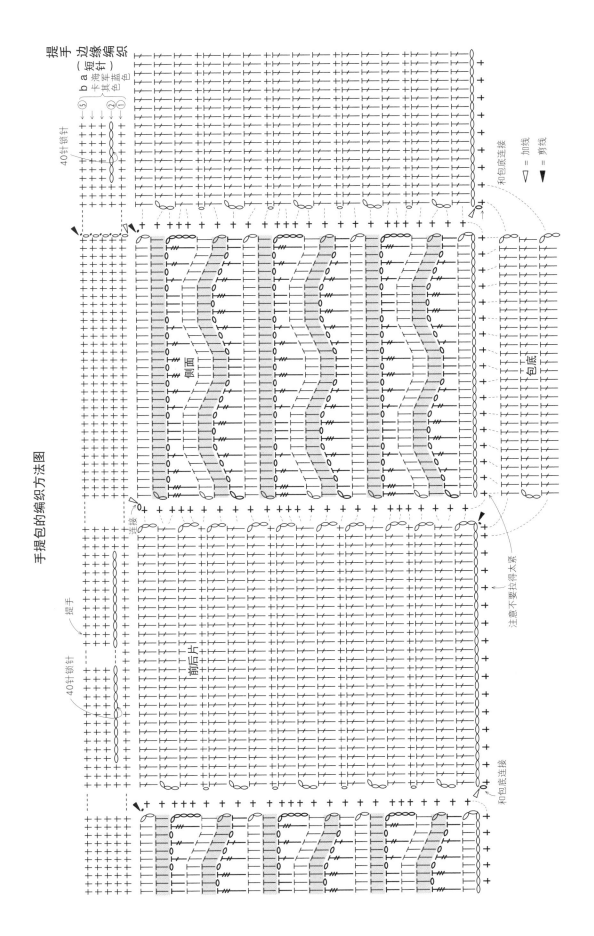

提手边缘编织
（短针）
b a
⑤ 卡其色 海军蓝色
↓ ↓ 其他色
② ①

40针锁针

和包底连接
◁ ＝加线
▼ ＝剪线

侧面

包底

连接

提手

40针锁针

注意不要拉得太紧

前后片

和包底连接

# 9 | 12页

●**材料** Foch（细）浅紫色（816）300g/8团
●**工具** 棒针5号
●**成品尺寸** 胸围96cm，肩宽45cm，衣长48cm，袖长40cm
●**编织密度** 10cm×10cm面积内：下针编织20针，29行；编织花样24.5针，28行
●**编织要点** **后身片** 手指挂线起针，从下摆的单罗纹针开始编织。参照图示，两胁各3针的宽度做上针编织，中央做编织花样。袖窿编织伏针，

领窝编织伏针和立起端头1针减针，肩部做引返编织，休针。**前身片** 起针方法和后身片相同，按照相同要领编织。领窝参照图示编织，中央针目休针。**衣袖** 肩部将前后身片正面相对对齐，钩织引拔针接合。衣袖从连接衣袖位置挑针，做下针编织，袖口的单罗纹针做下针织下针、上针织上针的伏针收针。**组合** 胁部、袖下用毛线缝针做挑针缝合。衣领环形编织单罗纹针，编织终点和袖口相同。

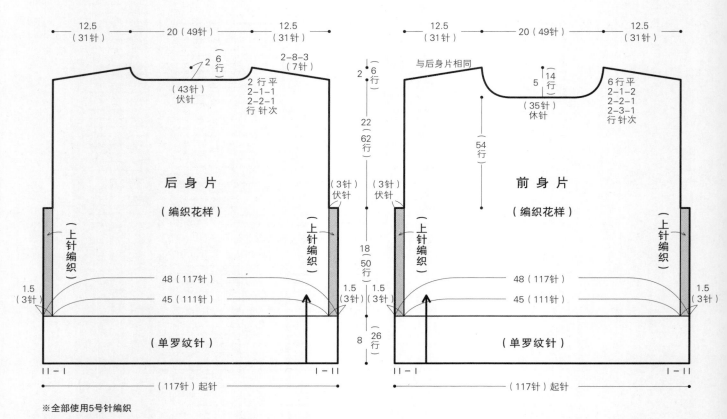

※全部使用5号针编织

---

**单罗纹针的挑针缝合方法（从编织起点开始）**

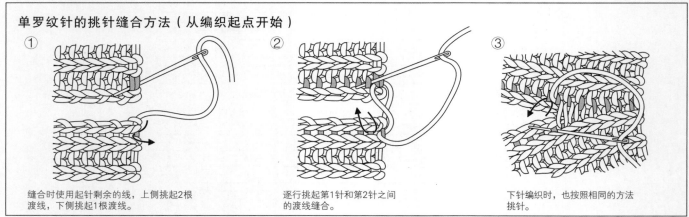

① 缝合时使用起针剩余的线，上侧挑起2根渡线，下侧挑起1根渡线。

② 逐行挑起第1针和第2针之间的渡线缝合。

③ 下针编织时，也按照相同的方法挑针。

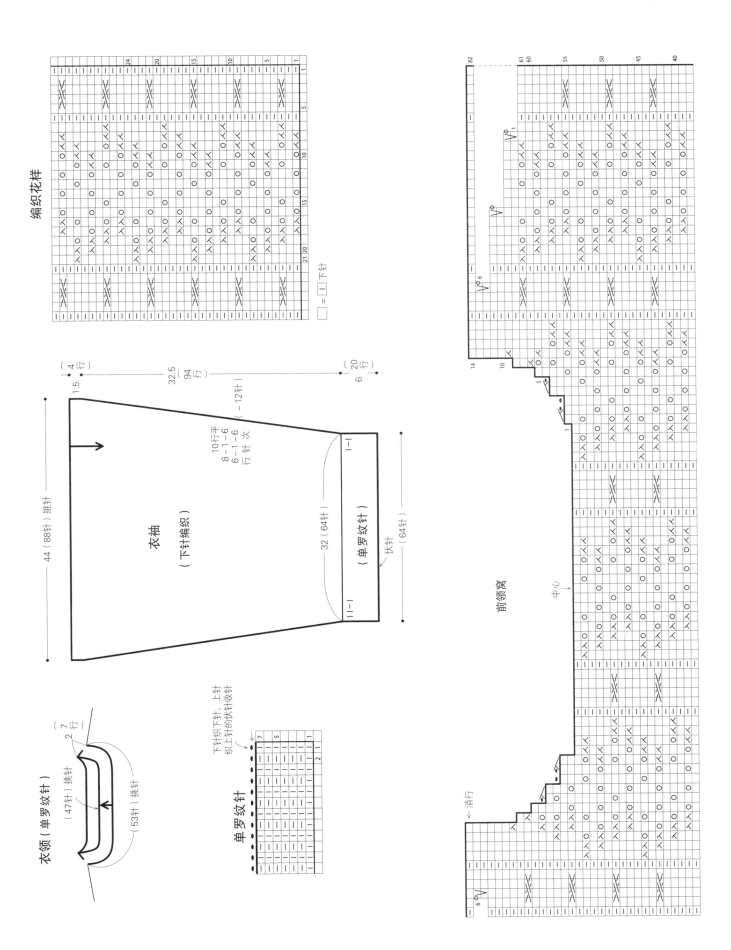

编织花样

□ = □ 下针

衣领（单罗纹针）

衣袖
（下针编织）

单罗纹针

下针织下针、上针
织上针的伏针收针

前领领窝

中心

←消行

10行平
8-1-6
6-1-6
行针次

（-12针）

94
行

32.5

1.5

44（88针）挑针

32（64针）

（64针）

（47针）挑针

（53针）挑针

7
行

2

●**材料** Pima Denim（粗）炭灰色（157）200g/5团、白色（200）30g/1团

●**工具** 棒针5号

●**成品尺寸** 胸围100cm，衣长50cm，连肩袖长30cm

●**编织密度** 10cm×10cm面积内：配色花样、编织花样均为26.5针，31行

●**编织要点** **配色花样** 采用横向渡线的方法换线编织。**后身片** 手指挂线起针，编织4行起伏针。然后编织28行配色花样，接着做编织花样。袖窿下编织卷针加针。领窝编织伏针和立起端头1针减针，肩部做引返编织，休针。**前身片** 起针方法和后身片相同，按照相同要领编织。**组合** 肩部将前后身片正面相对对齐，做盖针接合。胁部用毛线缝针做挑针缝合。袖窿下用毛线缝针做挑针缝合。衣领、袖口环形编织起伏针，做上针的伏针收针。

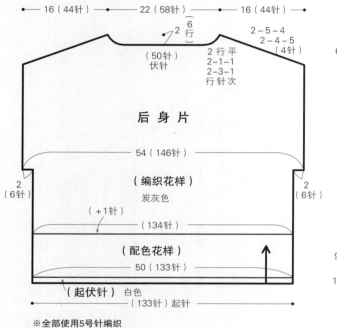

后身片

- 16（44针） - 22（58针） - 16（44针） -

2-6行
（50针）伏针
2-5-4
2-4-5（4针）
2行平
2-1-1
2-3-1 行针次

（编织花样）炭灰色

54（146针）

（+1针）
（134针）

（配色花样）

50（133针）

（起伏针）白色

（133针）起针

2（6针）　2（6针）

6（18行）
21（66行）
13（40行）
9（28行）
1（4行）

前身片

- 16（44针） - 22（58针） - 16（44针） -

与后身片相同

5-16行
（34针）伏针
4行平
2-1-3
2-2-1
2-3-1
2-4-1 行针次

（68行）

（编织花样）炭灰色

54（146针）

（+1针）
（134针）

（配色花样）

50（133针）

（起伏针）白色

（133针）起针

2（6针）　2（6针）

※全部使用5号针编织

**挑针缝合**

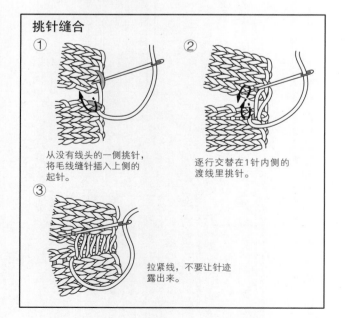

① 从没有线头的一侧挑针，将毛线缝针插入上侧的起针。

② 逐行交替在1针内侧的渡线里挑针。

③ 拉紧线，不要让针迹露出来。

**衣领、袖口（起伏针）炭灰色**

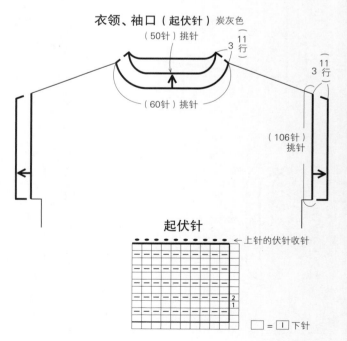

（50针）挑针
3行
（60针）挑针
（106针）挑针
11行
3行

**起伏针**

上针的伏针收针

□ = **I** 下针

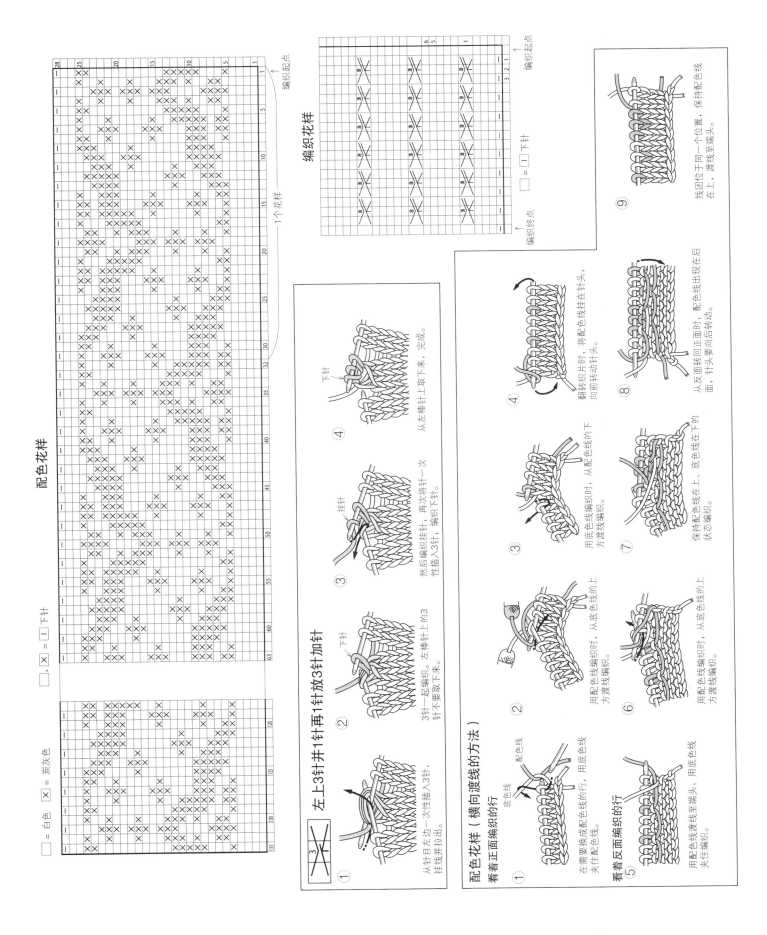

配色花样

□、区 = □ 下针

编织花样

□ = □ 下针

编织起点

编织终点

配色花样（横向渡线的方法）

左上3针并1针再1针放3针加针

● **材料** Cotton Kona（粗）淡蓝色（76）340g/9团，直径1.8cm的纽扣7颗

● **工具** 棒针5号

● **成品尺寸** 胸围95cm；肩宽38cm；衣长52cm；袖长42cm

● **编织密度** 10cm×10cm面积内：下针编织23针，32行；编织花样20.5针，36行

● **编织要点** **后身片** 手指挂线起针，从下摆的单罗纹针开始编织，编织14行以后开始做编织花样。袖窿编织伏针和立起端头1针减针，领窝编织伏针，肩部做引返编织，休针。

**前身片** 起针方法和后身片相同，左右对称编织。**衣袖** 起针方法和身片相同，做下针编织。袖下在1针内侧编织扭针加针，编织终点做伏针收针。**组合** 肩部将前后身片正面相对对齐，钩织引拔针接合。胁部、袖下用毛线缝针做挑针缝合。在右前门襟编织扣眼。衣领从前门襟、领窝挑针编织单罗纹针，编织终点做下针织下针、上针织上针的伏针收针。衣袖钩织引拔针接合于身片。在左前门襟上缝上纽扣。

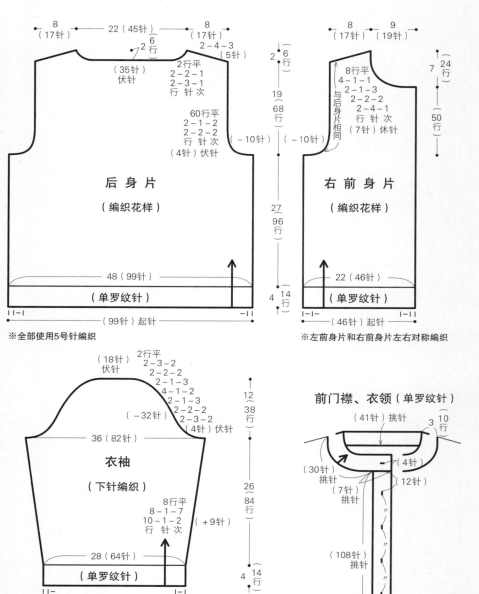

※全部使用5号针编织

※左前身片和右前身片左右对称编织

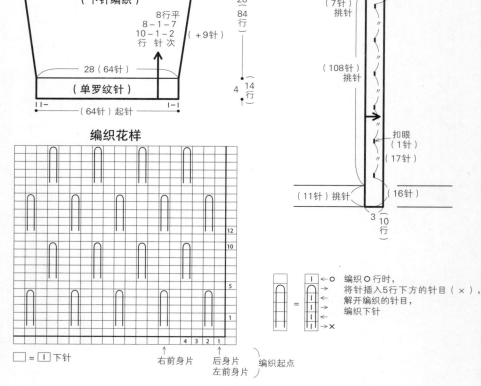

**编织花样**

□ = ① 下针

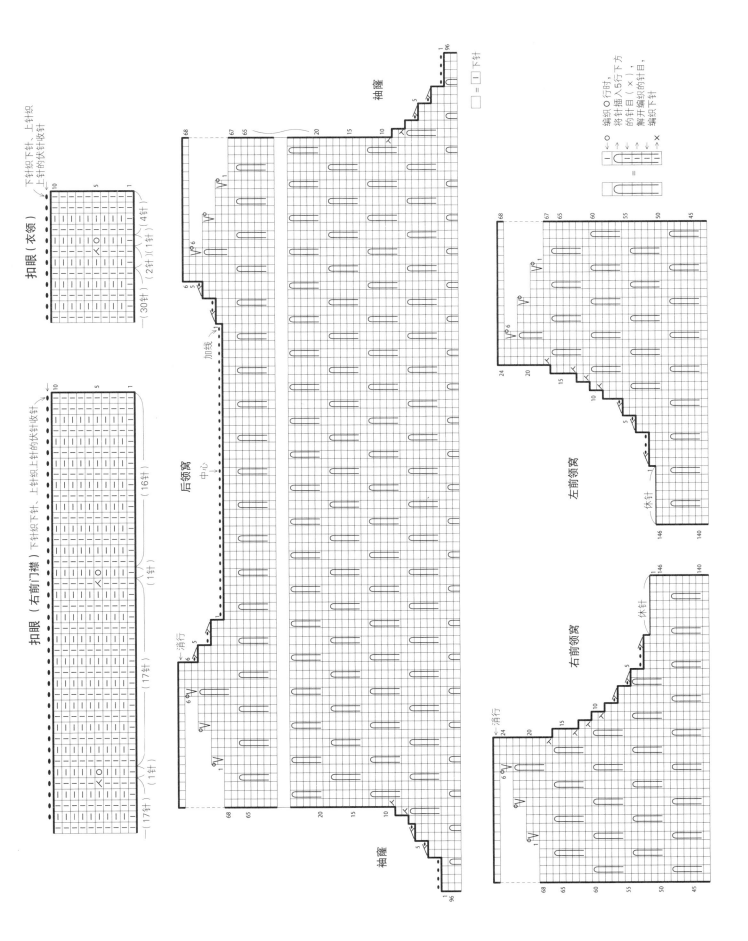

扣眼（衣领）

下针织下针，上针织
上针的伏针收针

扣眼（右前门襟）下针织下针，上针织上针的伏针收针

后领窝

加线

中心

袖窿

左前领窝

右前领窝

袖窿

□ = □ 下针

编织 ○ 行时，
将针插入5行下方
的针目（×），
解开编织的针目，
编织下针

● **材料** KAKINOSUKE（粗）柠檬色（202）190g/5团

● **工具** 棒针5号

● **成品尺寸** 胸围106cm，衣长53cm，连肩袖长26.5cm

● **编织密度** 10cm×10cm面积内：下针编织、编织花样均为24针，27行

● **编织要点** **前后身片** 手指挂线起针，编织下摆的起伏针。两边也编织起伏针。然后参照图示，做编织花样和下针编织。编织终点编织8行起伏针，中央衣领开口部分做伏针收针。编织相同的2片。**组合** 肩部将前后身片正面相对对齐，做盖针接合。胁部用毛线缝针做挑针缝合。

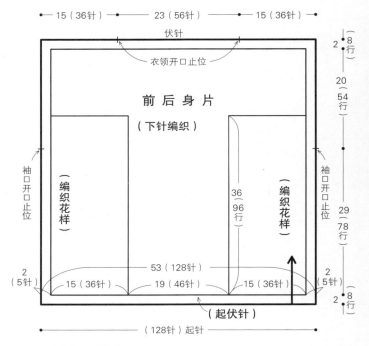

前 后 身 片

（下针编织）

15（36针） — 23（56针） — 15（36针）

伏针

衣领开口止位

2 { 8行

20（54行）

（编织花样）

袖口开口止位

36（96行）

（编织花样）

袖口开口止位

29（78行）

2（5针）

53（128针）

15（36针） 19（46针） 15（36针）

2（5针）

2 { 8行

（起伏针）

（128针）起针

※全部使用5号针编织

**起伏针**

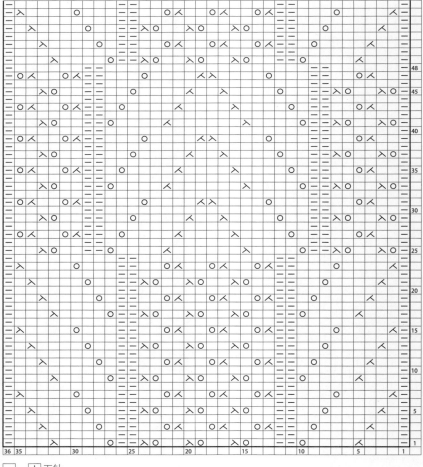

**编 织 花 样**

□ = I 下针

●**材料** AMNESIA（粗）红色、橙色、紫色系段染混合（7554）300g/8团

●**工具** 钩针5/0号

●**成品尺寸** 胸围108cm，衣长53cm

●**编织密度** 花片 1片 24cm×24cm

●**编织要点 前后身片** 用连接花片的方法钩织。花片环形起针，第1行立织3针锁针作为1针长针，然后钩织4次3针长针、2针锁针。第2～11行按照图示钩织。花片纵向每4片用半针卷针缝的方法缝合。**组合** 参照图示，从花片上挑针，留出衣领开口，做半针卷针缝缝合。胁部做半针卷针缝缝合。下摆按照图示挑针，环形钩织长针。

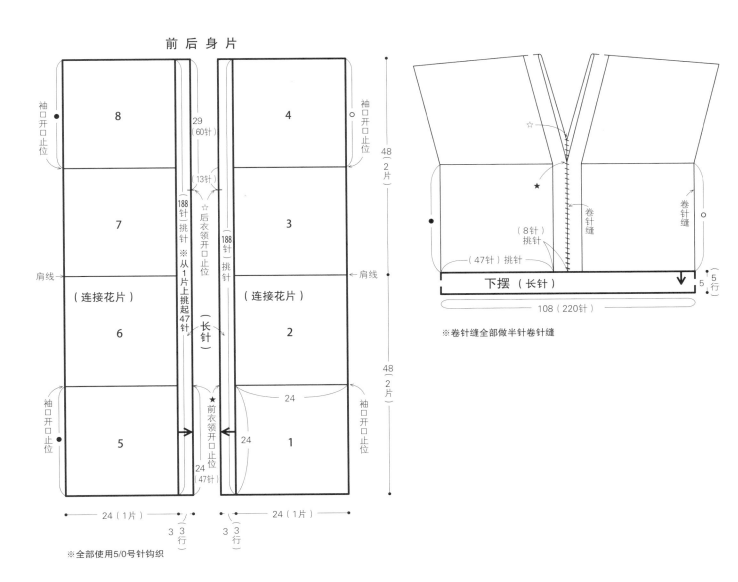

前 后 身 片

※全部使用5/0号针钩织

※卷针缝全部做半针卷针缝

## 花片 8片

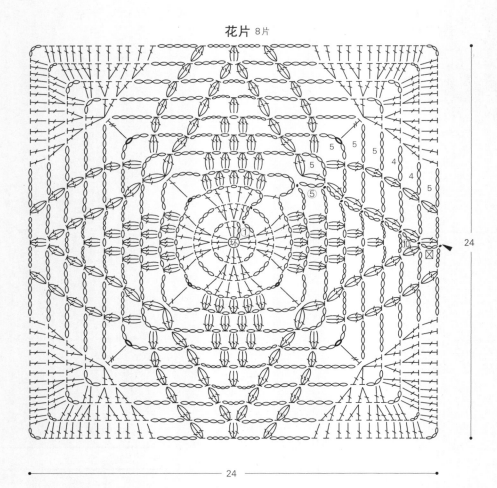

24

24

※ ◯ 第4行和第7行角部的针目需要分开锁针编织

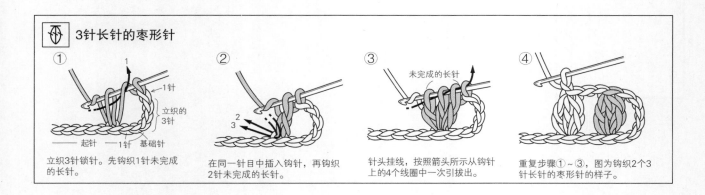

**3针长针的枣形针**

① 立织3针锁针。先钩织1针未完成的长针。

② 在同一针目中插入钩针，再钩织2针未完成的长针。

③ 针头挂线，按照箭头所示从钩针上的4个线圈中一次引拔出。

④ 重复步骤①~③，图为钩织2个3针长针的枣形针的样子。

## 花片的连接方法

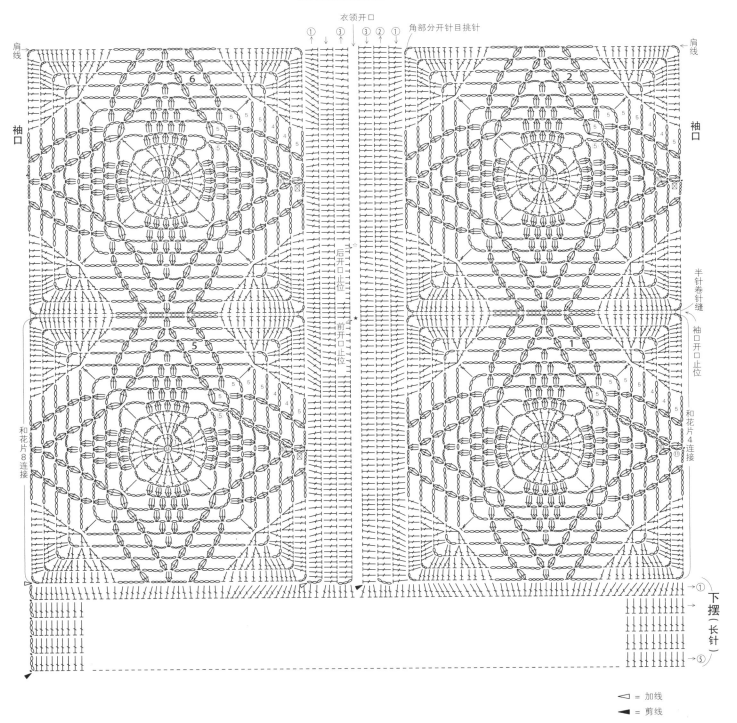

衣领开口

角部分开针目挑针

肩线

袖口

肩线

袖口

后开口止位

前开口止位

半针卷针缝

袖口开口止位

和花片8连接

和花片4连接

= 加线

= 剪线

下摆（长针）

**14** | **17页**

●材料　a/Leafy（粗）浅黄色、橙色、紫色系段染（744）70g/2团，ZAMBIA Print（中细）橙色系印花（433）60g/2团；b/ Leafy（粗）卡其色（765）70g/2团，ZAMBIA Print（中细）绿色系印花（434）60g/2团

●工具　钩针7/0号

●成品尺寸　帽围56cm，帽深18cm

●编织密度　10cm×10cm面积内：短针14针，17行

●编织要点　Leafy线和ZAMBIA Print线各取1根并在一起编织。从帽顶向帽檐编织。线头环形起针，第1行钩织6针短针。参照图示，一边加针一边做环形编织。帽身不加减针，编织18行。帽檐参照图示加针，编织20行。

## 帽子的加针方法

|  | 行数 | 针数 | 加针 |
|---|---|---|---|
| 帽檐 | 20 | 174针 | 不加减针 |
|  | 19 | 174针 | 每行加6针 |
|  | 18 | 168针 | |
|  | 17 | 162针 | |
|  | 16 | 156针 | 不加减针 |
|  | 15 | 156针 | 每行加6针 |
|  | 14 | 150针 | |
|  | 13 | 144针 | |
|  | 12 | 138针 | 不加减针 |
|  | 11 | 138针 | 每行加6针 |
|  | 10 | 132针 | |
|  | 9 | 126针 | 不加减针 |
|  | 8 | 126针 | 每行加6针 |
|  | 7 | 120针 | |
|  | 6 | 114针 | 不加减针 |
|  | 5 | 114针 | 每行加6针 |
|  | 4 | 108针 | |
|  | 3 | 102针 | |
|  | 2 | 96针 | |
|  | 1 | 90针 | +12针 |
| 帽身 | 18 ~ 1 | 78针 | 不加减针 |
| 帽顶 | 13 | 78针 | 每行加6针 |
|  | 12 | 72针 | |
|  | 11 | 66针 | |
|  | 10 | 60针 | |
|  | 9 | 54针 | |
|  | 8 | 48针 | |
|  | 7 | 42针 | |
|  | 6 | 36针 | |
|  | 5 | 30针 | |
|  | 4 | 24针 | |
|  | 3 | 18针 | |
|  | 2 | 12针 | |
|  | 1 | 6针 | |

## 帽 子
### （短针）

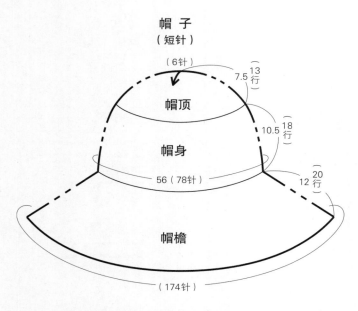

（6针）
7.5　13行
帽顶
10.5　18行
帽身
56（78针）
12　20行
帽檐
（174针）

※使用7/0号针，Leafy线和ZAMBIA Print线各取1根并在一起编织

**环形起针（在手指上缠线）**

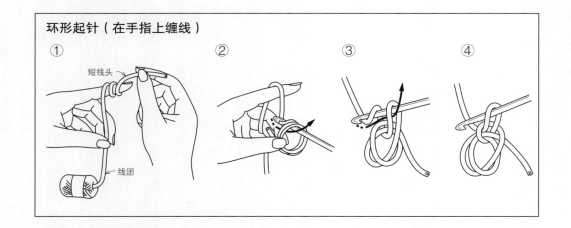

① 短线头　线团
②
③
④

帽子的编织方法图

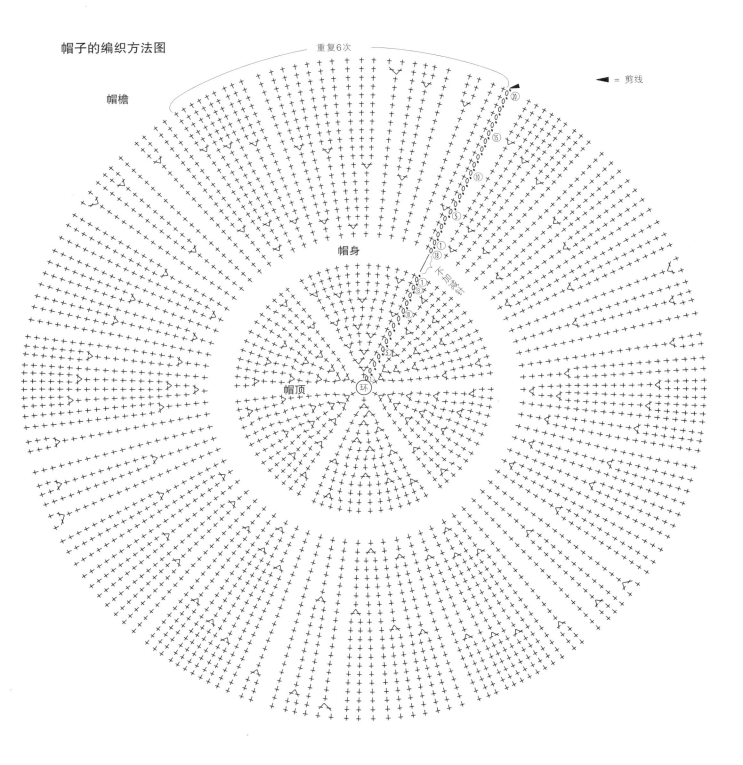

重复6次

帽檐

帽身

帽顶

环

◀ = 剪线

●材料 a/KAKINOSUKE（粗）粉色（204）
60g/2团、宽3mm、长1m的皮绳2根；b/
KAKINOSUKE（粗）浅灰色（212）60g/2团、
宽3mm、长1m的皮绳2根

●工具 钩针5/0号

●成品尺寸 宽20cm，深16.5cm

●编织密度 参照图示

●编织要点 从包底开始钩织。线头环形起针，
第1行钩织6针短针，按照图示一边加针一边钩织
15行。包身做编织花样，不加减针。包身第19行
穿上皮绳。

### 束口袋

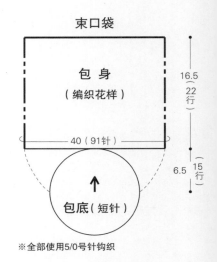

包身
（编织花样）

40（91针）

16.5（22行）

6.5（15行）

↑
包底（短针）

※全部使用5/0号针钩织

### 束口袋的编织方法图

皮绳位置

◀ = 剪线

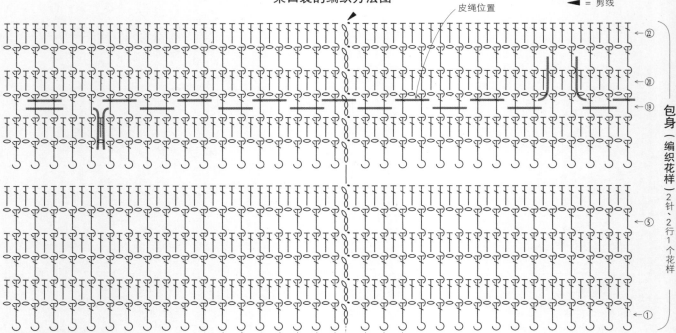

㉒
⑳
⑲

包身（编织花样）2针、2行1个花样

⑤
①

### 包底的加针方法

| 行数 | 针数 | 加针 |
|---|---|---|
| 15 | 90针 | |
| 14 | 84针 | |
| 13 | 78针 | |
| 12 | 72针 | |
| 11 | 66针 | |
| 10 | 60针 | 每行加6针 |
| 9 | 54针 | |
| 8 | 48针 | |
| 7 | 42针 | |
| 6 | 36针 | |
| 5 | 30针 | |
| 4 | 24针 | |
| 3 | 18针 | |
| 2 | 12针 | |
| 1 | 6针 | |

### 包底（短针）

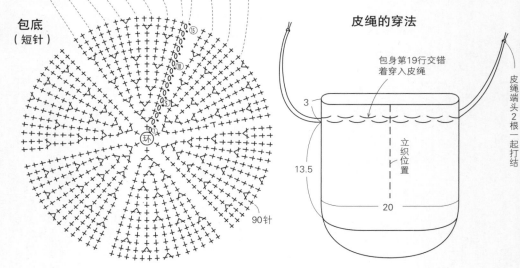

环

90针

### 皮绳的穿法

包身第19行交错着穿入皮绳

皮绳端头2根一起打结

3

立织位置

13.5

20

●**材料** Astro（中细）黄色、褐色系深浅段染
（503）250g/10团
●**工具** 钩针5/0号
●**成品尺寸** 胸围104cm，衣长61.5cm
●**编织密度** 10cm×10cm面积内：编织花样24针，7.5行
●**编织要点** 横向钩织。**右前后身片** 锁针起针

302针，挑起锁针的半针和里山的2根线，做编织花样，不加减针。最后的第20行，一边钩织，一边用长针的头部连接胁部（★）。**左前后身片** 后中心加线，前端钩织154针锁针起针，和右前后身片相同，挑起锁针的半针和里山，左后身片从右后身片挑针。最后的第20行留出袖口，将胁部连在一起钩织。

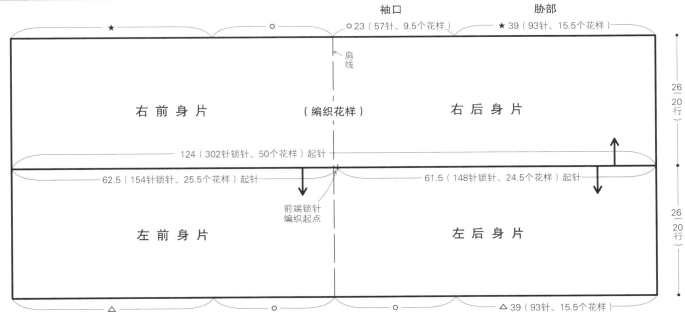

袖口　　　胁部

○ 23（57针、9.5个花样）　　★ 39（93针、15.5个花样）

★　　　　　　　　○

肩线

右 前 身 片　　　（编织花样）　　　右 后 身 片

124（302针锁针、50个花样）起针

62.5（154针锁针、25.5个花样）起针　　61.5（148针锁针、24.5个花样）起针

左 前 身 片　　　　　　左 后 身 片

前端锁针
编织起点

26（20行）

26（20行）

△　　　○　　　○　　　△ 39（93针、15.5个花样）

※胁部对齐△和△、★和★相同标记缝合

**编织花样**

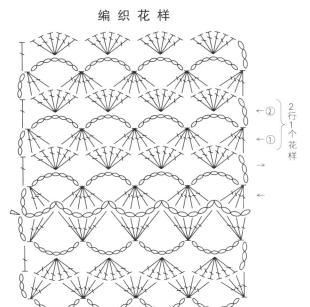

② 2行1个花样
①

**连接方法**

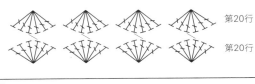

第20行

第20行

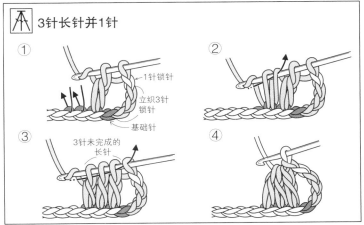

**3针长针并1针**

① 1针锁针
立织3针锁针
基础针

② 

③ 3针未完成的长针

④

● **材料** Nuvola（中粗）白色（401）140g/3团、黄色（413）130g/3团

● **工具** 钩针8/0号

● **成品尺寸** 宽34cm，侧面10cm，高27cm

● **编织密度** 编织花样A 10cm 18.5针，1个花样12行 8.5cm

● **编织要点** 从侧面开始横向钩织。锁针起针，挑起锁针的半针，做编织花样A。从第14行继续钩织，包底、包身锁针起针，挑起锁针的半针，钩织短针。按照图示，包身和包底做编织花样A。主体的相同标记（○、◎、●、▲）正面相对对齐，挑起起针剩余的半针或最终行的半针，做卷针缝缝合。包口看着主体内侧钩织，钩织1圈引拔针。提手锁针起针，挑起锁针的半针做编织花样B，编织终点和起针反面相对对齐，做半针卷针缝，缝成筒状，按照图示缝合主体外侧。

**包口的处理方法**

编织起点
看着内侧钩织引拔针
黄色

◁ = 加线
◀ = 剪线

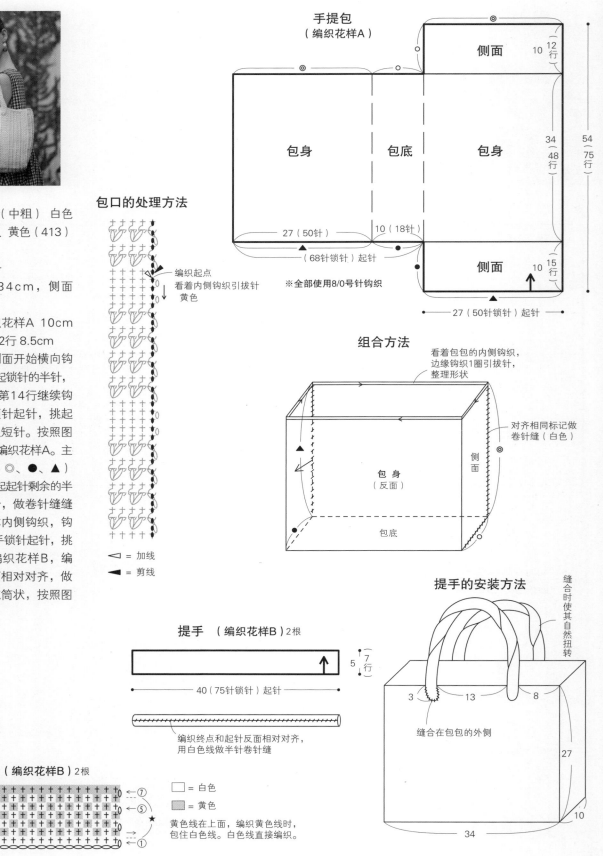

**手提包**
（编织花样A）

侧面　10　12行

包身　包底　包身　34（48行）　54（75行）

27（50针）　10（18针）

（68针锁针）起针

侧面　10　15行

※全部使用8/0号针钩织

27（50针锁针）起针

**组合方法**

看着包包的内侧钩织，
边缘钩织1圈引拔针，
整理形状

对齐相同标记做卷针缝（白色）

包身（反面）　侧面

包底

**提手的安装方法**

缝合时使其自然扭转

3　13　8

缝合在包包的外侧

27

34　10

**提手**（编织花样B）2根

5（7行）

40（75针锁针）起针

编织终点和起针反面相对对齐，
用白色线做半针卷针缝

**提手**（编织花样B）2根

⑦　⑤　★　①

□ = 白色
▨ = 黄色

黄色线在上面，编织黄色线时，
包住白色线。白色线直接编织。

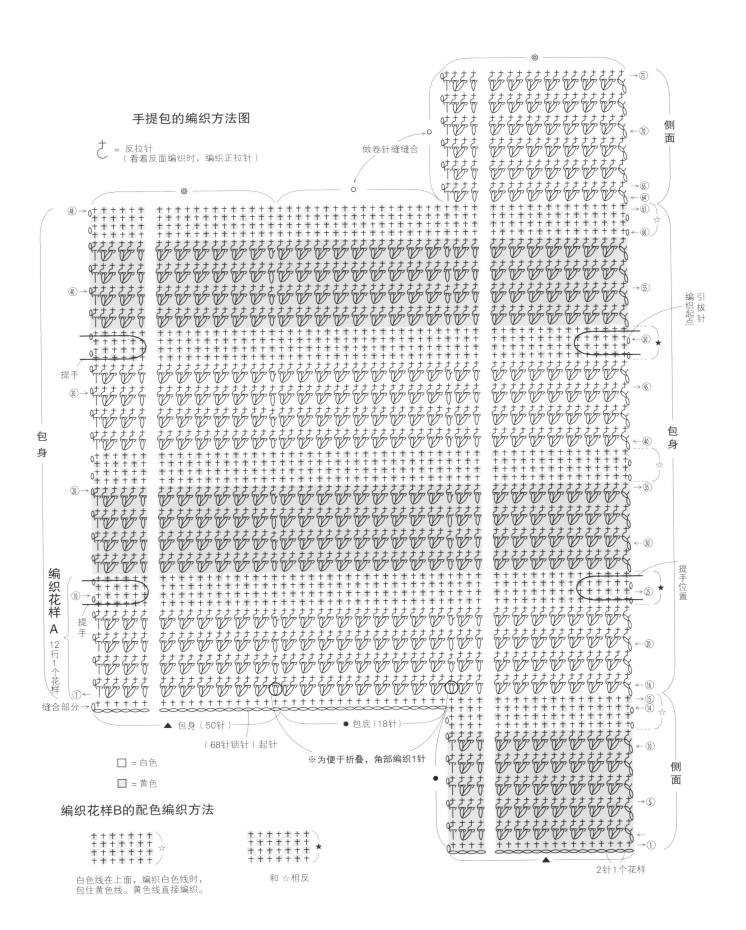

## 手提包的编织方法图

$ひ$ = 反拉针
（看着反面编织时，编织正拉针）

做卷针缝合

侧面

引拔针编织起点

提手

包身

包身

编织花样 A
12行1个花样

提手

提手位置

缝合部分

▲ 包身（50针）　　● 包底（18针）
（68针锁针）起针

※为便于折叠，角部编织1针

2针1个花样

□ = 白色
□ = 黄色

### 编织花样B的配色编织方法

白色线在上面，编织白色线时，
包住黄色线。黄色线直接编织。

和 ☆ 相反

侧面

**67**

● **材料** Iyowashi（中细）白色（701）210g/9团

● **工具** 钩针4/0号

● **成品尺寸** 胸围96cm，衣长54cm，连肩袖长28cm

● **编织密度** 10cm×10cm面积内：长针、编织花样均为25针，10行

● **编织要点 后身片** 锁针起针，挑起锁针的里山，做编织花样。参照图1，后领窝左右分开编织。**前身片** 起针方法和后身片相同，前领窝参照图2，左右分开编织。**组合** 肩部将前后身片正面相对对齐，重复钩织"1针短针、1针锁针"接合。胁部重复钩织"1针短针、2针锁针"接合。领窝环形钩织1行短针。袖口参照图示挑针，环形钩织4行长针。

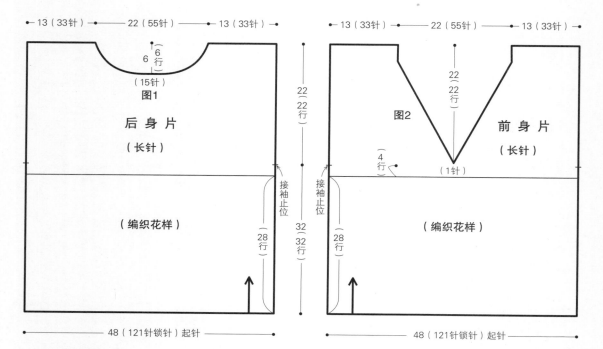

图1

后身片（长针）

（编织花样）

图2

前身片（长针）

（编织花样）

← 13（33针）→ ← 22（55针）→ ← 13（33针）→

48（121针锁针）起针

接袖止位

※全部使用4/0号针钩织

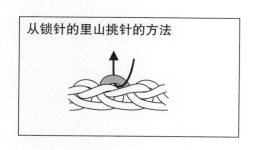

从锁针的里山挑针的方法

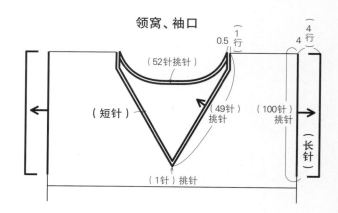

领窝、袖口

（短针）

（52针挑针）

（49针挑针）

（100针挑针）

（1针）挑针

（长针）

## 编 织 花 样

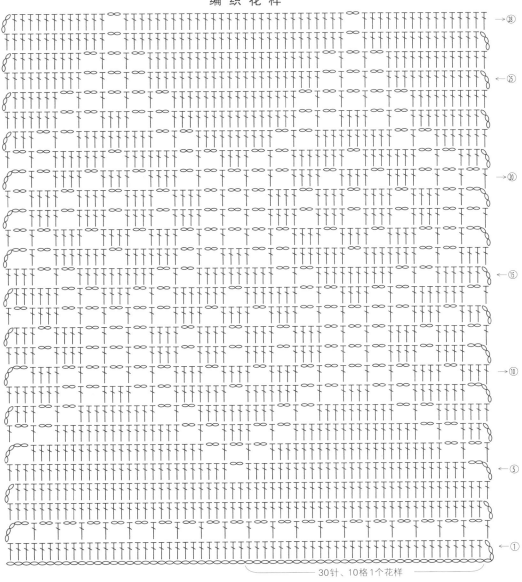

→ 28
← 25
→ 20
← 15
→ 10
← 5
→ 1

30针、10格1个花样

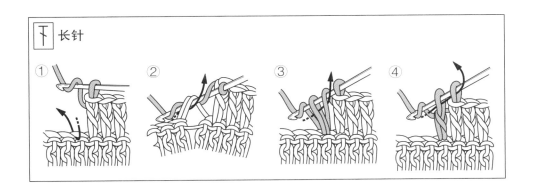

┬ 长针

① ② ③ ④

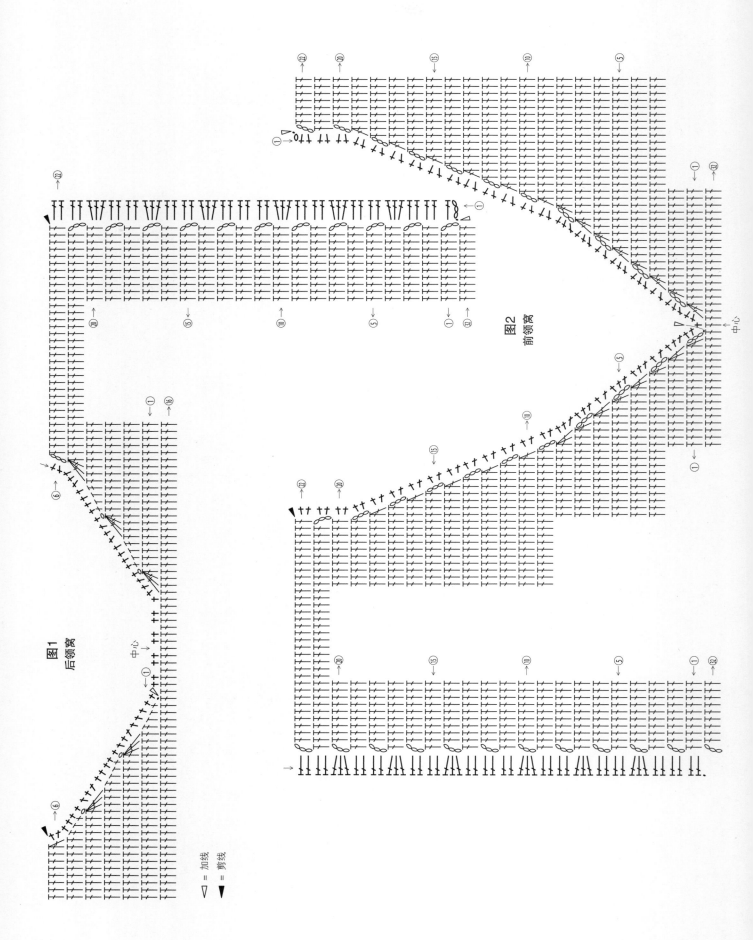

图1
后领窝

图2
前领窝

▽ = 加线
▼ = 剪线

70

# 21 25页

● **材料** Cotton Kona（粗）灰咖色（64）280g/7团

● **工具** 棒针5号

● **成品尺寸** 胸围102cm，肩宽47cm，衣长55.5cm

● **编织密度** 10cm×10cm面积内：编织花样A、B均为25针，32行；编织花样C为26针，32行

● **编织要点** **后身片** 手指挂线起针，从下摆的

单罗纹针开始编织。两侧编织单罗纹针，中央做编织花样A、B、C。参照图示，在开衩止位用毛线做个记号。袖窿、领窝编织伏针和立起端头1针减针，肩部针目休针。**前身片** 起针方法和后身片相同，按照相同要领编织。**组合** 肩部将前后身片正面相对对齐，做盖针接合。胁部留下开衩，用毛线缝针做挑针缝合。衣领、袖窿挑针环形编织7行单罗纹针。编织终点做下针织下针、上针织上针的伏针收针。

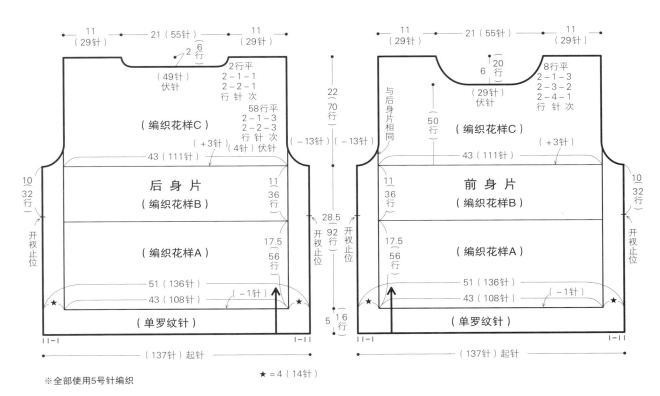

※全部使用5号针编织

★ = 4（14针）

衣领、袖窿（单罗纹针）

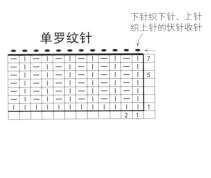

单罗纹针

下针织下针、上针织上针的伏针收针

## 编织花样A

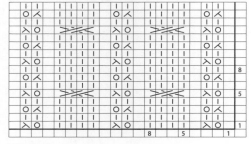

□ = □ 上针

## 编织花样B

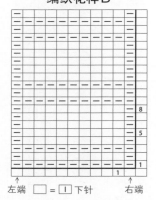

左端 □ = □ 下针 右端

## 编织花样C

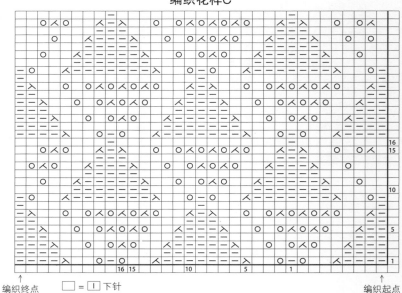

编织终点 □ = □ 下针 编织起点

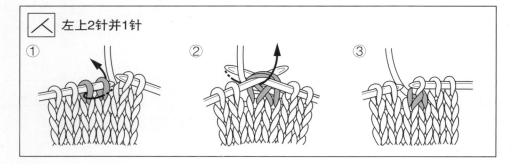

人 左上2针并1针

① ② ③

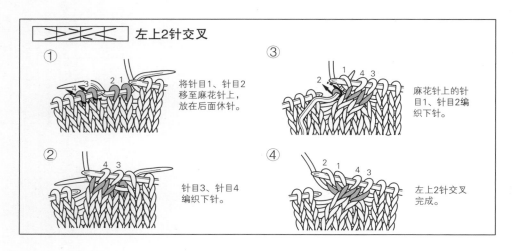

左上2针交叉

① 将针目1、针目2移至麻花针上，放在后面休针。

② 针目3、针目4编织下针。

③ 麻花针上的针目1、针目2编织下针。

④ 左上2针交叉完成。

72

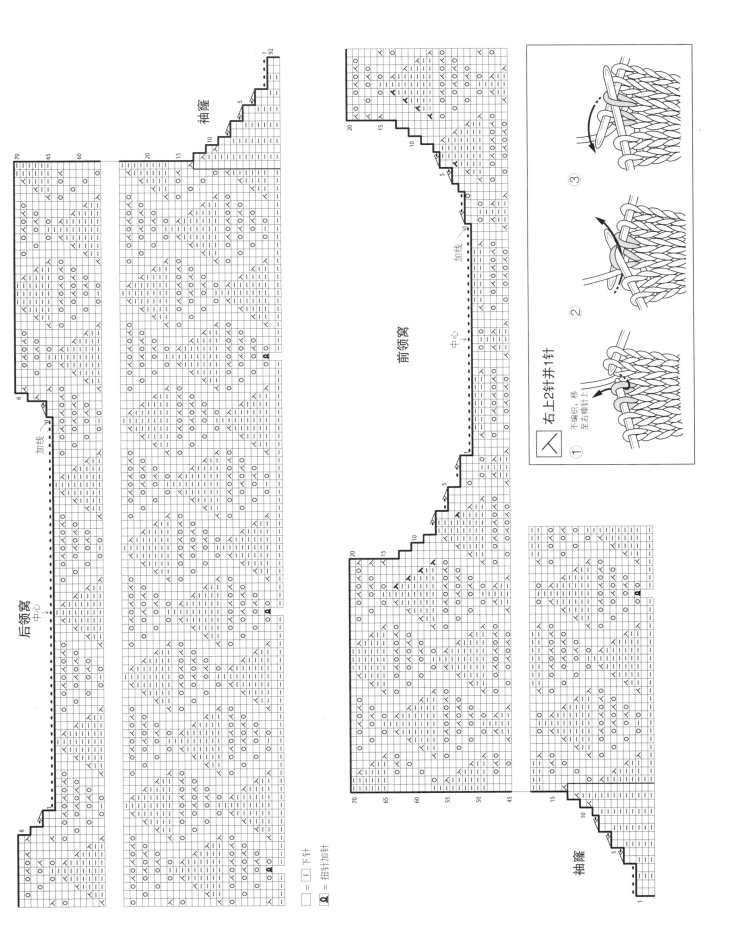

袖窿

后领窝
中心

加线

前领窝
中心
加线

袖窿

右上2针并1针

① 不编织，移
  至右棒针上

②

③

□ = □下针
Ⅺ = 扭针加针

●材料　a/Nuvola（中粗）白色（401）150g/3团，b/Nuvola（中粗）红色（406）150g/3团
●工具　钩针8/0号
●成品尺寸　宽24cm，侧面5cm，高23.5cm，流苏长7.5~8cm
●编织密度　参照图示
●编织要点　注意拉线的力度。锁针起针，挑起

锁针的半针和里山的2根线，做编织花样A、B。然后钩织包口的边缘和提手的锁针。编织起点按照起针的方法钩织，从起针侧的提手的锁针继续钩织侧面周围。从包包的包身指定位置挑针，钩织短针，第3行钩织流苏。在包底中心对折，侧面的端头针目做卷针缝缝合。

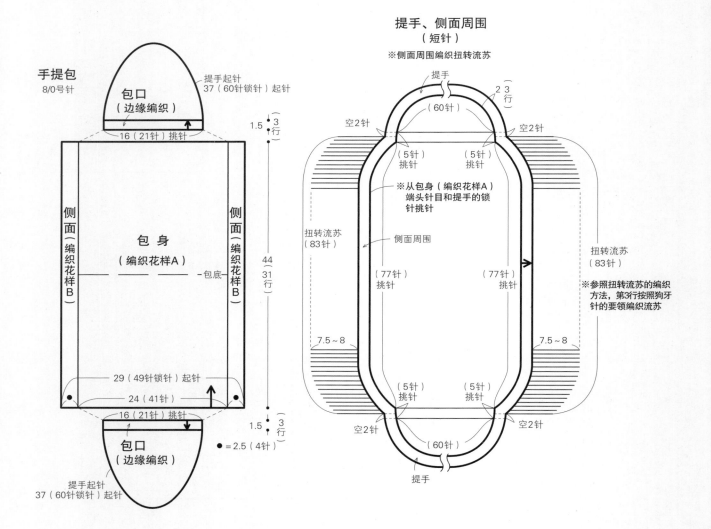

**手提包**
8/0号针

**包口**（边缘编织）

提手起针
37（60针锁针）起针

16（21针）挑针
1.5｛3行

**侧面**（编织花样B）

**包身**（编织花样A）

—包底

**侧面**（编织花样B）

44（31行）

29（49针锁针）起针
24（41针）
16（21针）挑针
1.5｛3行

■=2.5（4针）

**包口**（边缘编织）

提手起针
37（60针锁针）起针

**提手、侧面周围**
（短针）
※侧面周围编织扭转流苏

提手
（60针）
2 3行
空2针
空2针

（5针）挑针
（5针）挑针

※从包身（编织花样A）端头针目和提手的锁针挑针

扭转流苏（83针）
侧面周围
扭转流苏（83针）

（77针）挑针
（77针）挑针

※参照扭转流苏的编织方法，第3行按照狗牙针的要领编织流苏

7.5~8
7.5~8

（5针）挑针
（5针）挑针

空2针
空2针
（60针）

提手

手提包的编织方法图

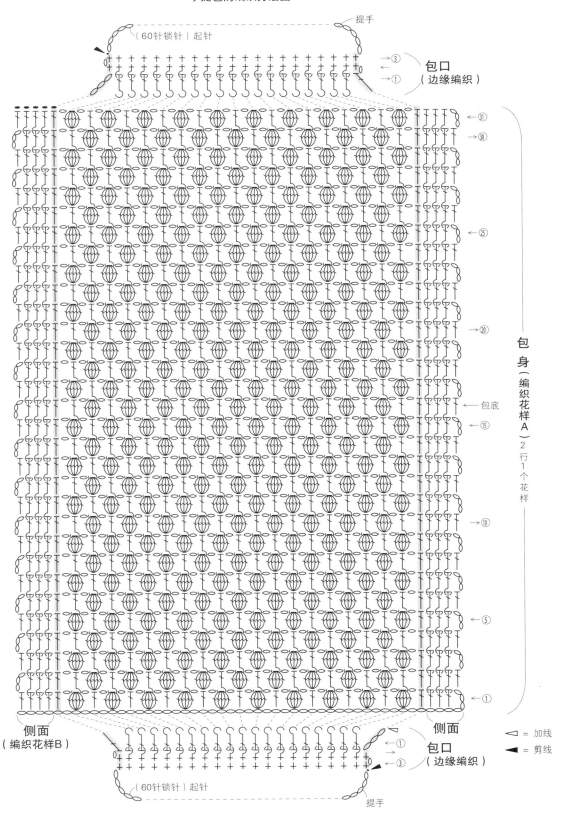

提手

（60针锁针）起针

提手

包口
（边缘编织）

→③
←②
→①

→㉛
→㉚

㉕

→⑳

←包底

⑮

→⑩

←⑤

←①

包身（编织花样A）2行1个花样

側面
（编织花样B）

側面

包口
（边缘编织）

←①
→②
←③

（60针锁针）起针

提手

▷ = 加线
◀ = 剪线

## 提手和侧面周围的编织方法图

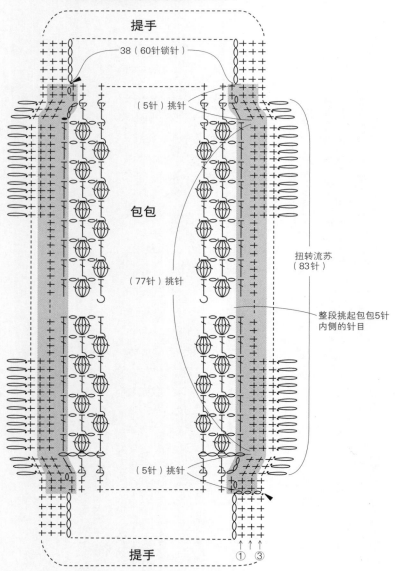

提手

38（60针锁针）

（5针）挑针

包包

（77针）挑针

扭转流苏
（83针）

整段挑起包包5针
内侧的针目

（5针）挑针

① ③

提手

23.5

24

5

### 侧面的缝合方法

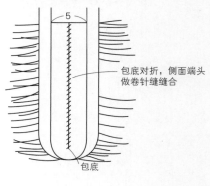

5

包底对折，侧面端头
做卷针缝缝合

包底

---

### 扭转流苏的编织方法

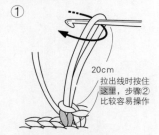

① 钩织1针短针，将线圈拉
大至20cm左右。

20cm
拉出线时按住
这里，步骤②
比较容易操作

② 转动钩针，将线圈扭转26
次，如箭头所示插入钩针。

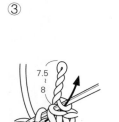

③ 对折，挂线并一次性引拔。

7.5
8

④ 下一针钩织短针，重复
步骤①~③。

● **材料** Arabis（中细）玫红色（6617）180g/5团

● **工具** 棒针7号、6号

● **成品尺寸** 胸围92cm，衣长55.5cm，连肩袖长23cm

● **编织密度** 10cm×10cm面积内：下针编织22针，28行

● **编织要点** **后身片** 手指挂线起针，从下摆的起伏针开始编织。左右胁部编织起伏针，中央做下针编织。领窝编织伏针和立起端头1针减针，肩部做引返编织，休针。**前身片** 起针方法和后身片相同，左右对称编织。**花边** 起针方法和身片相同，做编织花样，钩织2片。编织终点休针。**组合** 肩部将前后身片正面相对对齐，钩织引拔针接合。胁部用毛线缝针做挑针缝合。衣领从前后领窝挑针，编织起伏针，从反面做伏针收针。花边将编织终点针目在连接位置对齐做针与行缝合。肩部对齐做针与行缝合。

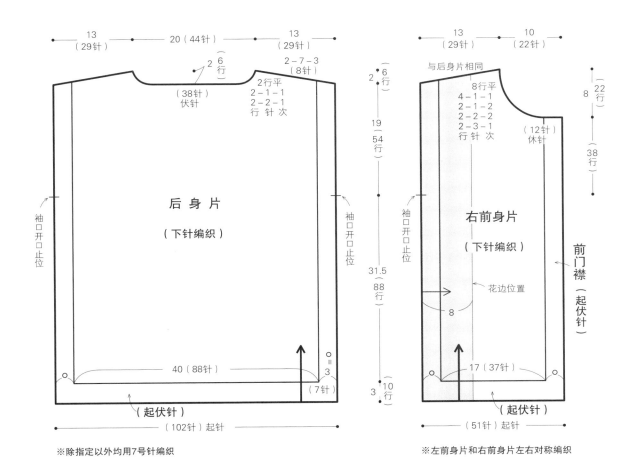

13（29针）　20（44针）　13（29针）

2（6行）　2-7-3（8针）

2行平
2-1-1
2-2-1
行 针 次

（38针）伏针

**后 身 片**

（下针编织）

袖口开口止位

40（88针）

3（7针）

（起伏针）

（102针）起针

※除指定以外均用7号针编织

13（29针）　10（22针）

与后身片相同

2（6行）

8（22行）

8行平
4-1-1
2-1-2
2-2-2
2-3-1
行 针 次

（12针）休针

38行

19（54行）

**右前身片**

（下针编织）

袖口开口止位

31.5（88行）

花边位置

8

17（37针）

（起伏针）

前门襟（起伏针）

3（10行）

（51针）起针

※左前身片和右前身片左右对称编织

**衣领（起伏针）** 6号针

（44针）挑针　2（9行）

（22针）挑针

（7针）挑针

休针

**花边（编织花样）** 2片

8（22行）

55（110针）起针

★编织花样、起伏针见46页

●**材料** Leafy（粗）黄色系段染（744）、米色（761）各40g/各1团

●**工具** 钩针8/0号

●**成品尺寸** 帽围57cm，帽深19cm

●**编织密度** 花片1片9.5cm×9.5cm

●**编织要点** 用2根线并在一起编织。从帽顶向帽檐编织。环形起针，第1行钩织6针短针。帽顶参照图示，一边加针一边钩织11行。帽身用连接花片的方法钩织。锁针起针，挑起半针锁针钩织，另一侧挑起剩余的半针锁针钩织。按照图示钩织2行。花片用半针卷针缝缝合。帽身和帽顶用全针卷针缝缝合。帽檐从花片上挑针，参照图示一边加针一边做环形编织。

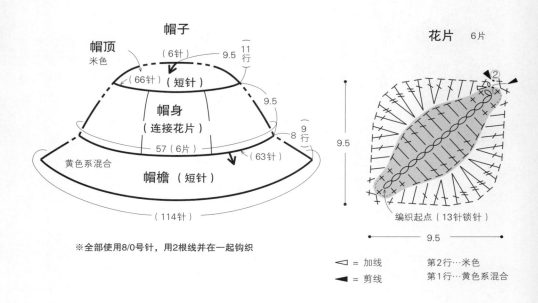

帽子

帽顶 米色

（6针） 9.5 （11行）

（66针）（短针）

帽身 （连接花片）

9.5

57（6片） （63针）

8 （9行）

帽檐 （短针）

（114针）

※全部使用8/0号针，用2根线并在一起钩织

花片 6片

9.5

编织起点（13针锁针）

9.5

▷ = 加线

◀ = 剪线

第2行…米色

第1行…黄色系混合

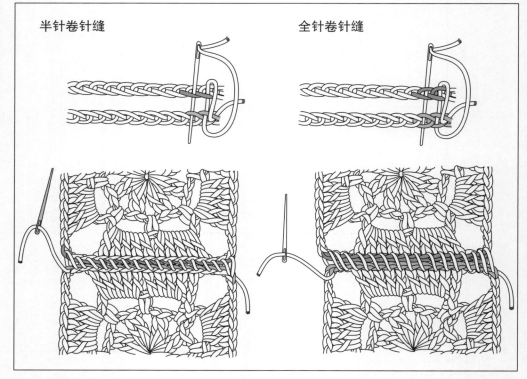

半针卷针缝

全针卷针缝

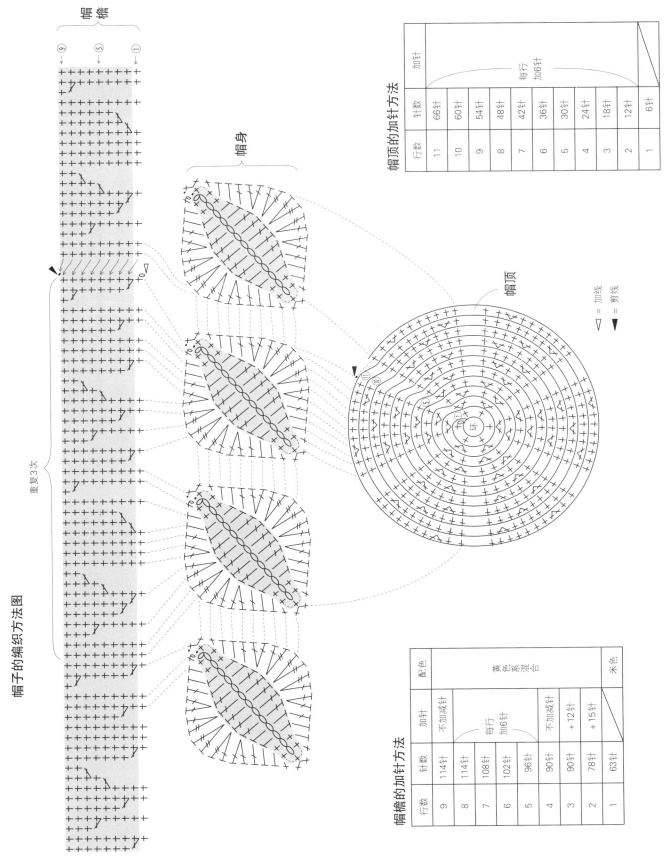

帽子的编织方法图

帽檐

重复3次

帽身

帽顶

⊳ = 加线
▶ = 剪线

帽顶的加针方法

| 行数 | 针数 | 加针 |
|---|---|---|
| 11 | 66针 | |
| 10 | 60针 | |
| 9 | 54针 | 每行加6针 |
| 8 | 48针 | |
| 7 | 42针 | |
| 6 | 36针 | |
| 5 | 30针 | |
| 4 | 24针 | |
| 3 | 18针 | |
| 2 | 12针 | |
| 1 | 6针 | |

帽檐的加针方法

| 行数 | 针数 | 加针 | 配色 |
|---|---|---|---|
| 9 | 114针 | 不加减针 | |
| 8 | 114针 | | |
| 7 | 108针 | 每行加6针 | 黄色系混合 |
| 6 | 102针 | | |
| 5 | 96针 | | |
| 4 | 90针 | 不加减针 | |
| 3 | 90针 | +12针 | |
| 2 | 78针 | +15针 | |
| 1 | 63针 | | 米色 |

# 23 | 27页

●**材料** a/KAKINOSUKE（粗）蓝色（208）80g/2团、浅绿色（206）60g/2团、水蓝色（207）30g/1团，b/ KAKINOSUKE（粗）紫灰色（209）80g/2团、桃粉色（203）60g/2团、紫藤色（205）30g/1团

●**工具** 钩针6/0号

●**成品尺寸** 宽24cm，长132cm

●**编织密度** 花片1片12cm×12cm

●**编织要点** 用连接花片的方法钩织。6针锁针起针，连成环形。第1行在起针的线圈中钩织16针长针。参照图示，第2、3行做环形编织，第4~7行做往返编织。第8行做环形编织。花片从第2片开始参照图示在最终行连接。

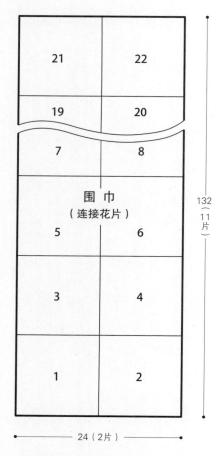

围 巾
（连接花片）

21　22
19　20
7　8
5　6
3　4
1　2

132（11片）

24（2片）

◻ = 加线
◀ = 剪线

花片 22片

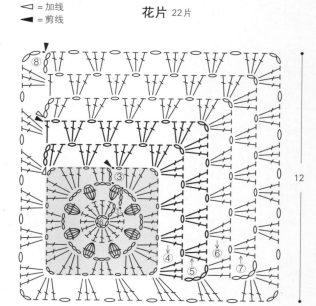

12

12

※全部使用6/0号针钩织

## 配色表

| 行数 | a | b |
|---|---|---|
| 6~8 | 蓝色 | 紫灰色 |
| 4、5 | 水蓝色 | 紫藤色 |
| 1~3 | 浅绿色 | 桃粉色 |

## 花片的连接方法（用引拔针连接）

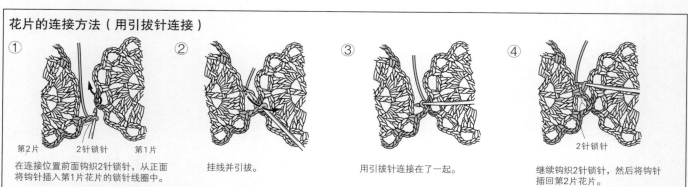

① 第2片　2针锁针　第1片
在连接位置前面钩织2针锁针，从正面将钩针插入第1片花片的锁针线圈中。

② 挂线并引拔。

③ 用引拔针连接在了一起。

④ 2针锁针
继续钩织2针锁针，然后将钩针插回第2片花片。

●材料 a/Leafy（粗）米色（761）40g/1团，b/ Leafy（粗）浅蓝色、卡其色、粉色系段染（746）40g/1团

●工具 钩针6/0号

●成品尺寸 宽20cm，高13cm

●编织密度 10cm×10cm面积内：短针18针，17行；编织花样1个花样4.5cm，10cm 8.5行

●编织要点 从包底开始钩织。环形起针，第1行编织6针短针。按照图示一边加针一边编织12行。包身环形做编织花样，包口钩织短针。细绳钩织锁针，然后对折，穿在包身上。

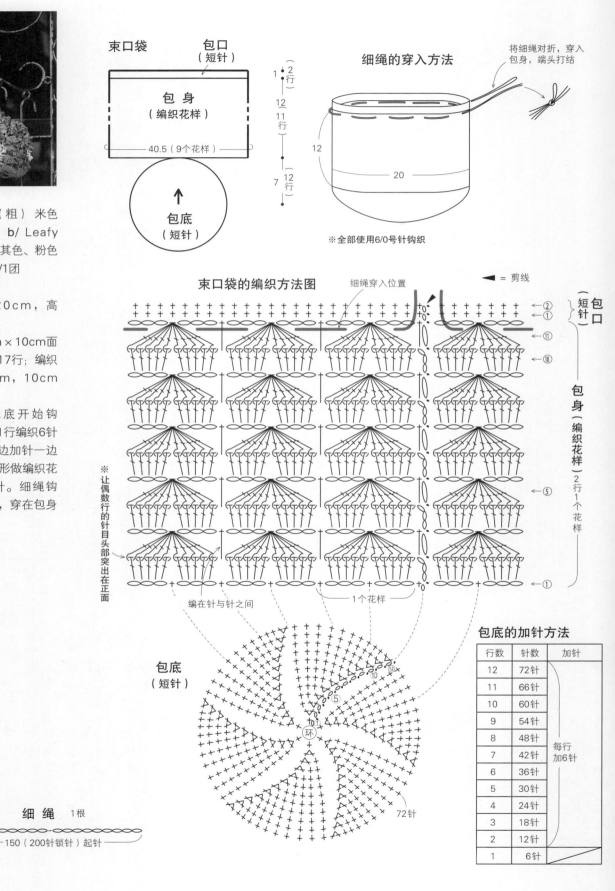

束口袋

包口（短针）

包身（编织花样）

40.5（9个花样）

包底（短针）

细绳的穿入方法

将细绳对折，穿入包身，端头打结

12

20

※全部使用6/0号针钩织

束口袋的编织方法图

细绳穿入位置

◀ = 剪线

包口（短针）

包身（编织花样）2行1个花样

※让偶数行的针目头部突出在正面

编在针与针之间

1个花样

包底（短针）

72针

细绳 1根

150（200针锁针）起针

包底的加针方法

| 行数 | 针数 | 加针 |
|---|---|---|
| 12 | 72针 | |
| 11 | 66针 | |
| 10 | 60针 | |
| 9 | 54针 | |
| 8 | 48针 | |
| 7 | 42针 | 每行加6针 |
| 6 | 36针 | |
| 5 | 30针 | |
| 4 | 24针 | |
| 3 | 18针 | |
| 2 | 12针 | |
| 1 | 6针 | |

● **材料** Nuvola（中粗）淡棕色（412）130g/3团，木制圆环形提手 内径12cm 2个

● **工具** 钩针10/0号

● **成品尺寸** 宽28cm，高27cm

● **编织密度** 10cm×10cm面积内：编织花样15针，19行

● **编织要点** 包身横向编织。锁针起针，挑起锁针的半针和里山的2根线，钩织短针。从第2行开始做编织花样，等针直编。将包身反面相对对齐后对折，留出开口止位，逐针做卷针缝缝合。缝线不剪断，穿入主体，从包口出来，继续逐针挑起端头针目，做卷针缝缝在提手上。

手提包

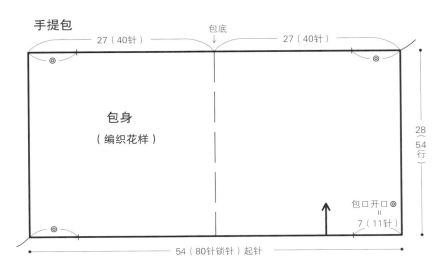

※全部使用10/0号针钩织

编织花样

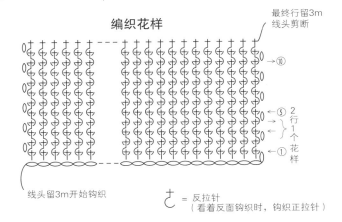

☡ = 反拉针
（看着反面钩织时，钩织正拉针）

组合方法

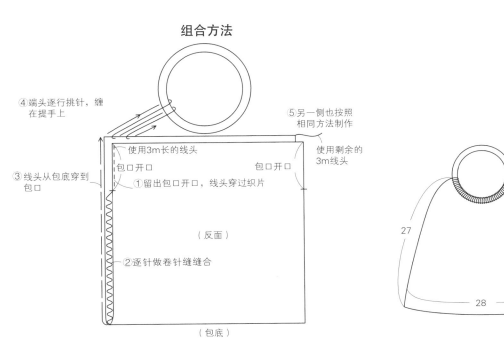

# 25 | 29页

●**材料** Leafy（粗）淡粉色、米色、蓝色系段染（745）35g/1团，灰色（760）、卡其色（765）各20g/各1团；磁扣1对

●**工具** 钩针8/0号

●**成品尺寸** 宽23cm，高15cm

●**编织密度** 花片1片23cm×23cm，编织花样10cm 13.5针，1个花样4cm 4行

●**编织要点** 全部用2根线钩织。花片环形起针，第1行立织3针锁针，钩织长针。第2～8行按照图示换色钩织。包身从花片挑针，做编织花样。包身在底线位置反面相对折叠，两侧做卷针缝缝合。将磁扣缝在指定位置。

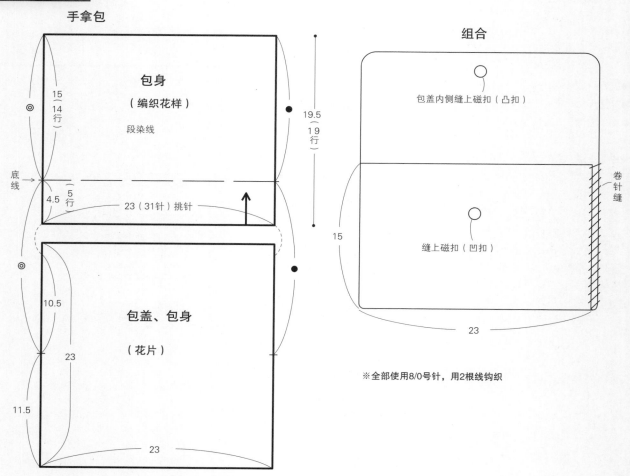

**手拿包**

包身
（编织花样）
段染线

15（14行）
底线
4.5（5行）
23（31针）挑针
19.5（19行）

包盖、包身
（花片）
10.5
23
11.5
23

**组合**

包盖内侧缝上磁扣（凸扣）

缝上磁扣（凹扣）

卷针缝

15
23

※全部使用8/0号针，用2根线钩织

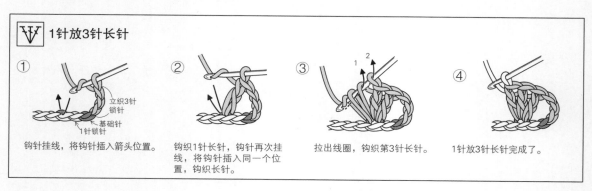

**⋎ 1针放3针长针**

① 钩针挂线，将钩针插入箭头位置。
立织3针锁针
基础针
1针锁针

② 钩织1针长针，钩针再次挂线，将钩针插入同一个位置，钩织长针。

③ 拉出线圈，钩织第3针长针。

④ 1针放3针长针完成了。

包 身

在正面缝上磁扣（凹扣）

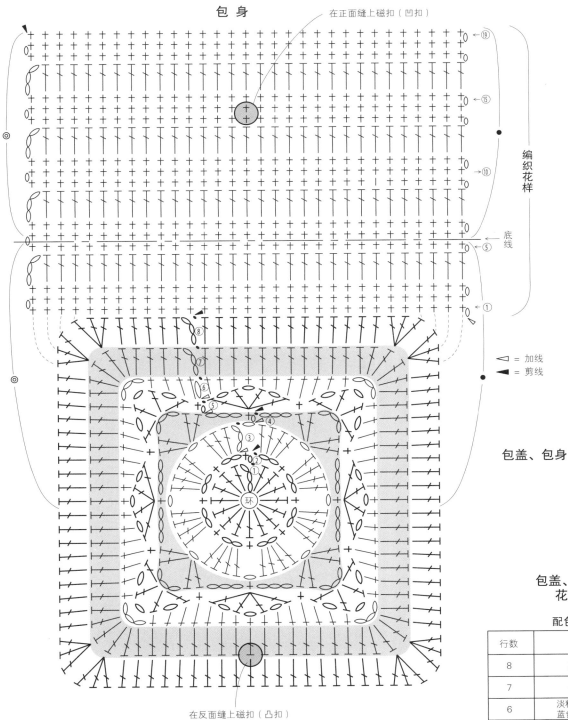

→⑲

→⑮

→⑩

编织花样

底线

→⑤

→①

▷ = 加线
◀ = 剪线

包盖、包身

在反面缝上磁扣（凸扣）

※对齐相同标记，做卷针缝合

包盖、包身
花片

配色表

| 行数 | 颜色 |
| --- | --- |
| 8 | 灰色 |
| 7 | 卡其色 |
| 6 | 淡粉色、米色、蓝色系段染 |
| 5 | 灰色 |
| 4 | 卡其色 |
| 3 | 淡粉色、米色、蓝色系段染 |
| 2 | 灰色 |
| 1 | |

●**材料** Nuvola（中粗）灰色（409）80g/2团，Leafy（粗）灰色（760）40g/1团

●**工具** 钩针8mm

●**成品尺寸** 宽28.5cm，高15cm

●**编织密度** 10cm×10cm面积内：编织花样A10针，15行；编织花样B10.5针，9行

●**编织要点** 除了肩绳以外均用2根线钩织。包底锁针起针，钩织13行编织花样A，第2行的引拔针，看着反面在第1行做引拔。第3行挑起引拔针头部2根线，钩织短针。包盖锁针起针，挑起锁针的半针和里山，钩织长针。另一侧挑起起针剩余的针目钩织。从第2行开始，一边按照图示加针，一边做编织花样B。包身两端对齐，做卷针缝缝合。包身和包底反面相对对齐，挑起包身起针的半针，做卷针缝缝合。

**斜挎包**

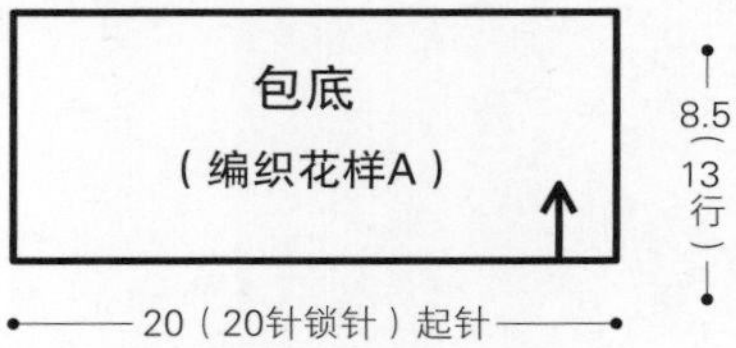

包底
（编织花样A）

8.5
（13行）

← 20（20针锁针）起针 →

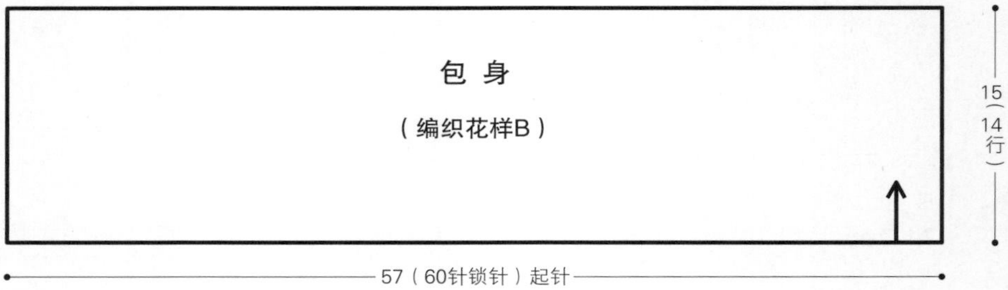

**包 身**
（编织花样B）

15
（14行）

← 57（60针锁针）起针 →

※全部使用8mm针钩织。除指定以外，均将Nuvola线和Leafy线各取1根并在一起钩织

**包盖**（编织花样B）

→⑧
←⑤
→①

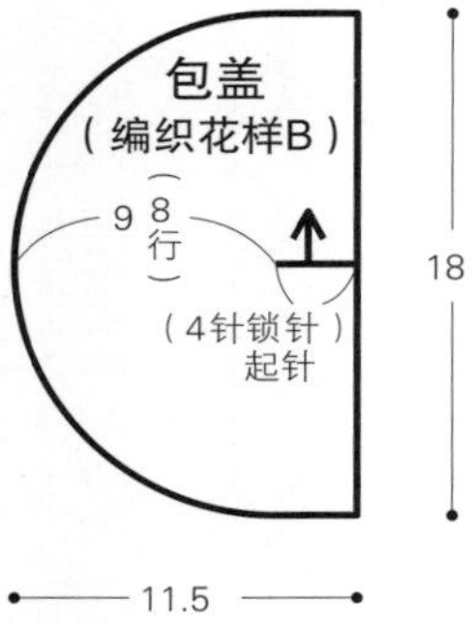

包盖
（编织花样B）

9 8
行

（4针锁针）起针

18

← 11.5 →

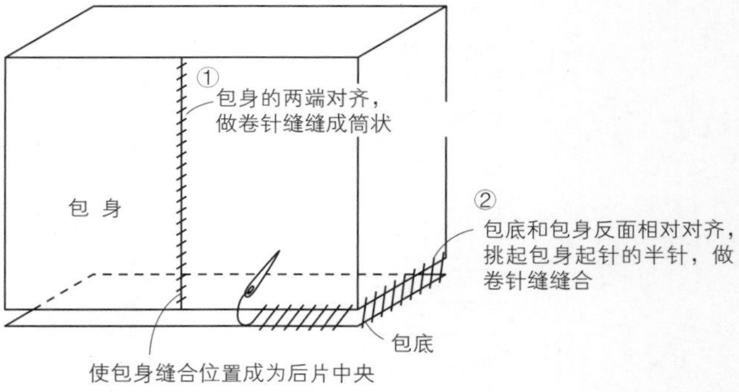

**缝合方法**

① 包身的两端对齐，做卷针缝缝成筒状

包 身

② 包底和包身反面相对对齐，挑起包身起针的半针，做卷针缝缝合

包底

使包身缝合位置成为后片中央

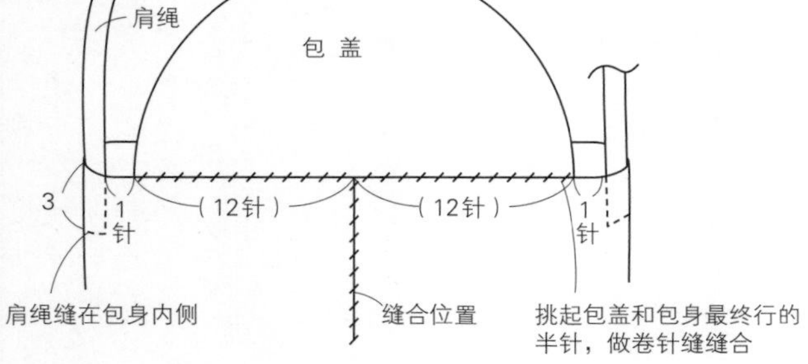

肩绳

包盖

3
1
针

（12针） （12针）

1
针

肩绳缝在包身内侧

缝合位置

挑起包盖和包身最终行的半针，做卷针缝缝合

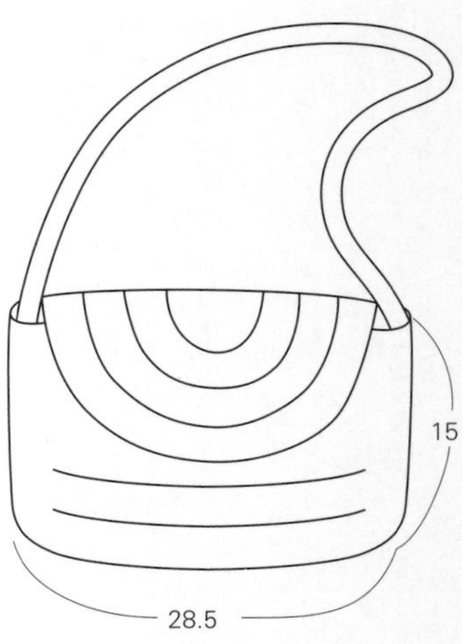

15

28.5

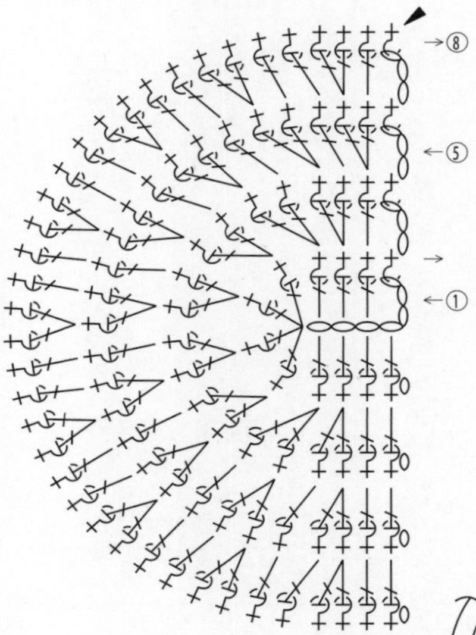

包底（编织花样A）　　　　　　　　　　包身（编织花样B）

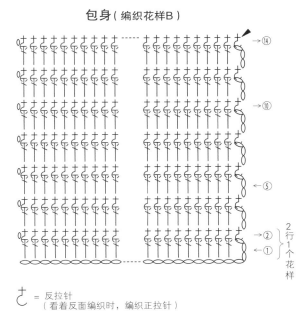

◀ = 剪线

肩绳（罗纹绳） 1根

Nuvola 用3根线

120（150针）起针

※稍微编织紧一点

编织起点

8m左右

5m左右

ざ = 反拉针
（看着反面编织时，编织正拉针）

2行1个花样

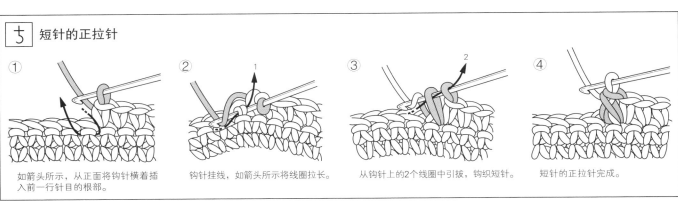

ざ 短针的正拉针

① 如箭头所示，从正面将钩针横着插入前一行针目的根部。

② 钩针挂线，如箭头所示将线圈拉长。

③ 从钩针上的2个线圈中引拔，钩织短针。

④ 短针的正拉针完成。

## 索引

EUROPE NO TEAMI 2021 HARUNATSU （NV80667）

Copyright © NIHON VOGUE-SHA 2021 All rights reserved.

Photographers: Hironori Handa，Noriaki Moriya

Original Japanese edition published in Japan by NIHON VOGUE Corp.

Simplified Chinese translation rights arranged with

BEIJING BAOKU INTERNATIONAL CULTURAL

DEVELOPMENT Co., Ltd.

备案号：豫著许可备字–2021–A–0018

### 图书在版编目（CIP）数据

欧洲编织 . 17，清爽舒适的应季手编/日本宝库社编著；如鱼得水译. — 郑州：河南科学技术出版社，2021.6（2024.7重印）

ISBN 978–7–5725–0429–7

Ⅰ.①欧… Ⅱ.①日… ②如… Ⅲ.①手工编织–图解 Ⅳ.①TS935.5–64

中国版本图书馆CIP数据核字（2021）第086867号

出版发行：河南科学技术出版社

地址：郑州市郑东新区祥盛街27号　　邮编：450016

电话：（0371）65737028　65788613

网址：www.hnstp.cn

策划编辑：刘　欣

责任编辑：刘　瑞

责任校对：刘淑文

封面设计：张　伟

责任印制：张艳芳

印　　刷：河南新达彩印有限公司

经　　销：全国新华书店

开　　本：889 mm×1 194 mm　1/16　印张：5.5　字数：170千字

版　　次：2021年6月第1版　2024年7月第3次印刷

定　　价：39.80元

如发现印、装质量问题，影响阅读，请与出版社联系并调换。